Workbook for Food Experiments

조리응용을 위한

실험조리워크북

배영희 김현정

머리말

조리는 과학적인 체계를 기초로 하는 실천학문이다. 한편 실험조리는 조리를 하면서 나타나는 식품의 조리과학적 특성과 조리과정에서 일어나기 쉬운 실패의 원인, 조리과정 중에 나타나는 현상에 대한 의문을 해명해 주는 학문으로 알려져 있다.

식품을 이용하여 음식을 만드는 조리기술을 재래의 조리방법 그대로 선배나 숙련자로부터 답습하기에는 많은 노력과 시간이 필요하고, 오랜 경험이 없이는 맛있는 음식을 만들기가 쉽지 않다. 물론 그러는 과정에서 식품의 바른 취급법, 조리방법, 식품배합법 등 그 기술이 습득되었다.

오랜 경험은 조리하는 데 매우 중요하다. 그러나 조리에 따른 식품성분의 변화, 물리적 변화, 형태적인 변화에 대해 그 원리를 규명할 수 있고, 식품과 조리에 관한 과학적인 지식을 가진다면 조리 경험이 많지 않은 초보자도 능률적으로 조리기술을 몸에 익히게 되고 실패 없이 합리적으로 조리할 수 있을 것이다. 또한 조리경험이 많다 하더라도 조리의 과학성을 모르고 단순한 기술적인 측면만을 익힌 많은 숙련자는 조리의 발전과 향상을 꾀하려고 해도 원리와 이해가 뒷받침이 안 되므로 쉽게 응용할 수 없는 어려움이 생길 수 있다.

숙련자들의 응용능력을 향상시키기 위해서는 조리과정에서 일어나는 여러 가지 변화를 과학적인 조리실험을 통하여 식품별로 그 식품의 조리 특성과 연관지어 검토할 필요가 있고, 음식이 되는 과정을 조리방법별로 나누어 각각의 조리방법의 특징과 조리시의 유의점을 파악할 필요가 있다.

또한 예로부터 전해 내려오는 전통 조리법에 대해서도 조리과학 실험을 통하여 가장 적절한 재료와 분량 등 조리방법을 제시할 수 있다면, 최근 식생활의 변화와 함께 차츰 멀어져 가고 있는 우리의 전통 음식을 계승, 발전시킬 수 있을 것이다.

따라서 실험조리 실습에서는 실험을 통하여 조리의 원리를 과학적으로 검토함은 물론, 현재 행해지고 있는 음식 또는 전통음식의 조리방법에 대해 그 음식의 재료와 분량 및 조리방법을 달리한 실험계획을 세우고 이를 과학적으로 검증함으로써 최적의 조리조건, 즉 표준조리법을 찾아낼 수 있도록 한다. 또한 조리방법 중 바람직하지 못한 점이 있으면 그 원인을 찾아내고 과학적으로 검증된 조리원리를 적용시켜 식품에 따른 조리특성이 최대한으로 음식에 이용될 수 있게 한다.

실험조리를 통해 조리가 좀 더 과학적이고, 체계적인 학문으로 자리 잡으며 조리방법의 향상이 이루어지길 바라면서 실험조리 워크북을 집필하였음을 밝힌다.

2017년 8월

저자

차례

3장 계량

4장 물과 조리

5장 탄수화물과 조리

6장 단백질과 조리

제1장

실험조리란 무엇인가?

1. 실험조리의 정의와 목적

1) 실험조리의 정의

식품을 음식물로 만드는 조작을 조리라고 하며, 조리과정에서 일어나는 현상을 과학적으로 설명하는 것을 연구하는 분야를 조리학 또는 조리과학이라 할 수 있다.

이러한 조리과학 이론을 토대로 하여 실제 조리 시에 일어나는 물리적, 화학적 변화를 실험을 통해 체계화하고 이러한 실험적인 사실을 각종 조리에 효과적으로 응용하는 것을 연구하는 분야가 실험조리이다.

즉 실험조리란 화학, 물리, 생물학을 기초로 하는 조리과학과 영양학, 식품화학, 통계학 등의 복합적인 학문영역을 포함하는 학문으로 조리인에게는 가장 필요로 하는 실천과학이다.

식품은 조리하는 과정에서 화학, 물리, 생물적인 변화가 동시에 복합적으로 일어나므로 이들을 이론적으로 일목요연하게 설명하기는 매우 어렵다. 실제로 조리과학을 실험적으로 연구하는 데는 다음과 같은 여러 가지 어려운 점이 많다.

(1) 시료의 변화 및 개체의 차이

예 어패류는 산란기와 성수기에 따라 지방량과 글리코겐 함량의 차이가 크며, 과일 등은 품종과 작황시기에 따른 개체 차이가 크다. 또한 마요네즈 제조 시 저장조건에 따라 마요네즈 유화 안정성이 달라진다.

(2) 실험조건의 설정이 어려움

조리는 복합적으로 행하는 조작으로 측정하고자 하는 항목만을 변화시키기가 어렵다.

예 냉소다 함량에 따른 자장면의 끈기에 관한 실험의 경우, 맛과 색과 향의 안정성에 대한 고려도 필요하다.

(3) 측정방법을 결정

많은 변수를 내포하고 있는 식품을 어떤 방법으로 조리하고 무엇을 측정할 것인가를 연구자가 설정하여야 한다. 실험결과가 실험조건의 설정과 깊은 관계가 있으므로 객관성 있는 자료를 얻기 위한 측정방법을 확립해야 하기 때문이다.

예 과일의 갈변에 관한 조사에서 변수조건은 햇빛, 산소, 내포된 유기산의 함량 등에 따라 결과 해석이 안 될 때도 있다. 그러므로 이럴 때는 일조량이 일정하고 랩wrap을 씌우고 벗기는 것이 일정하다 하더라도 함유된 유기산 함량을 미리 실험으로 각각의 차이를 객관적으로 차별화하던가, 색도계를 통해 각 샘플이 갖는 차이를 미리 알고 시작하는 객관적인 방법도 있다.

(4) 평가기준의 설정

쌀밥의 점성은 물리적으로 측정할 수 있으나 어느 수치가 가장 적당한가 하는 것은 경험적으로 결정된다. 따라서 가장 적당한 때의 수치를 기준으로 세워야 한다.

2) 실험조리의 목적

실험조리의 목적은 다음과 같다.

① 현재의 조리방법을 원리적, 과학적으로 설명한다.

② 발전 가능성 있는 조리법을 원리적, 과학적으로 규명한다.

③ 현재 사용되는 조리방법의 결점을 탐구하여 더 좋은 조리법을 찾아낸다.

2. 실험조리의 방법

1) 실험하기 전의 준비

① 실험의 목적과 내용, 관찰해야 할 요점, 실험순서 등을 확인해 둔다.

② 실험 도중에 실험 결과 및 관찰내용 등을 기입할 수 있도록 실험노트와 필기도구를 준비해 둔다.

③ 실험복을 입고 손을 깨끗이 씻으며, 실험 중에 사용할 수 있도록 수건을 준비한다.

④ 실험에 필요한 기구 및 기기를 실험목적에 맞추어 준비하고, 실험대 위에 사용하기 편리하도록 정리해 둔다.

2) 실험할 때 주의할 점

① 공동실험을 하는 경우에는 실험순서를 고려하여 역할 분담을 하고, 각자 맡은 일을 책임 있게 수행한다.

② 주어진 실험조건(예: 온도, 시간, 시료의 양, 농도 등)을 정확히 지키도록 한다. 특히 비교실험의 경우에는 비교하는 요인 이외의 조건이 달라지지 않도록 주의한다.

③ 불을 사용하는 실험에서는 끓어 넘치거나 태우지 않도록 화력 조절에 주의한다.

④ 실험 결과는 되도록 빨리, 정확하게, 그리고 상세하게 기록하는 습관을 갖도록 한다. 또한 실험 중에

관찰한 사항, 실패한 일 등은 반드시 적어 두어 실험결과의 고찰에서 참고로 한다.

⑤ 실험은 안전하고 위생적으로 실시한다(환기, 기구의 파손, 약품의 취급, 화상 등에 주의한다). 특히 유리 제품은 파손되기 쉬우므로 넘어뜨리거나 떨어뜨리지 않도록 안전한 장소에 놓고 취급에 주의한다.

⑥ 실험한 시료를 관능평가할 때에는 알맞은 용기를 준비한다.

3) 실험이 끝난 후의 정리

① 사용한 유리제 기구는 되도록 빨리 깨지지 않도록 주의하면서 씻는다. 그 외 식기나 용구 등 실험에 사용한 모든 기구 및 기기도 깨끗이 씻어 건조시킨 후 제자리에 정리한다.

② 쓰레기는 물기를 짜서 지정된 장소에 버리고, 하수구가 막히는 일이 없도록 주의한다.

③ 실험대와 개수대는 깨끗이 닦고, 사용한 의자도 제자리에 정리한다.

④ 행주는 깨끗이 빨아 말렸다가 다음 실험에 사용한다.

⑤ 실험 후 수도, 가스, 전원 등을 점검한다.

⑥ 실험결과를 정리하고, 날짜, 실온, 수온 등 적어야 할 사항에서 빠진 부분이 없는지 확인한다.

4) 실험 보고서의 작성

실험기록은 결과 그대로 무슨 내용이라도 기록하는 것이 좋다. 연습실험이지만 중요한 실험이라 생각하고 자기 스스로 관찰한 내용을 상세히 기록하는 것이 중요하다.

실험결과를 정확히, 알기 쉽게 정리하는 것은 올바른 실험을 실시하는 것만큼 중요하다. 졸업논문, 연구기관의 실험보고서 등 경우에 따라 다소 차이가 있을 수 있으나, 실험이 끝난 후 제출하는 간단한 실험 report의 내용과 작성 요령은 다음과 같다.

① 실험제목 : 간단명료하면서도 실험 내용을 명확히 알 수 있는 제목으로 정한다.

② 실험목적 : 실험을 통해 확인, 분석하려고 하는 내용을 간단하고 정확하게 적는다.

③ 실험재료 및 방법 : 사용한 재료, 기구, 방법 등을 간단히 기록하고, 특히 주의할 것은 방법의 변형 등은 정확하고 상세히 기록한다.

④ 실험결과 및 고찰 : 실험 결과는 그림, 표 등을 이용하여 이해하기 쉽게 정리하고, 그림 제목은 밑에, 표 제목은 위에 적는다. 고찰은 따로 할 수도 있으나, 결과를 요약하여 설명하고 그런 결과가 나타난 이유는 무엇이며, 어떤 추론이 성립되는지를 참고문헌이나 기타 자료 등을 근거로 여러 가지 각도에서 고찰하고 검토한다.

⑤ 요약 및 결론 : 어떤 목적으로 어떤 재료와 실험 방법을 사용하여 어떤 결과를 얻었는지, 실험내용 전체를 간단히 총괄하고 중요한 결론 및 제언을 서술한다.

⑥ 참고문헌 : 본문 중에서 고찰하여 인용된 문헌에 대하여는 정확하고 근거 있는 출처를 제시하여야

하며, 형식에 준하여 표기하여야 한다.

- 학술 잡지의 경우 : 저자명, 연도, 제목, 학술 잡지명, 권수(호수), 면수의 순서로 적는다.
  - 예 배영희, 노정해. 2000. 배, 키위, 무화과, 파인애플, 파파야에 존재하는 단백질 분해효소의 특성 비교. 한국조리과학회지 16(4):363.
- 단행본의 경우 : 저자명, 연도, 책명, 출판사명, 출판 장소, 인용면의 순서로 적는다.
  - 예 배영희. 2005. 조리응용을 위한 식품과 조리과학. 교학사. 서울. p.79.

5) 참고자료 조사와 도서관 문헌 찾기

① 참고자료의 종류에는 학술잡지, Journals 등을 통한 논문, 학위논문 등이 있고, 책, 단행본, 세미나 자료 등 다양한 정보를 이용할 수 있다. 이들 내용은 문헌배경, 연구배경, 연구동향 및 결과에 대한 고찰을 위해 필요한 자료들로서 여러 방법을 통해 조사되고 연구되어야 한다.

② 자료를 찾는 방법으로는 도서관을 이용한 직접 자료 검색과 인터넷 또는 자료검색 사이트를 이용한 문헌, 논문 찾기가 있다.

③ 찾고자 하는 내용에 가장 핵심적인 주제어key words를 통해 유사하거나 관련된 자료를 검색하여 이를 통해 자기 연구의 Originality 또는 유사성을 확인하고, 논문의 구성 또는 방향성을 설정해야 한다.

④ 현재 국회도서관, 시립도서관, 대학교 도서관 및 연구소, 지역 도서관뿐만 아니라 인터넷 서비스가 되는 RISS 등 여러 통로를 통해 필요한 자료는 얼마든지 검색하고 조사할 수 있다.

3. 실험조리에 사용되는 측정기기와 사용법

1) 염도계

굴절염도달갈 식염수용액 또는 염분을 함유한 식품 속의 Na 이온의 염농도를 전반사의 원리를 기초로 굴절률을 이용해서 측정하는 광학적 굴절계이다.

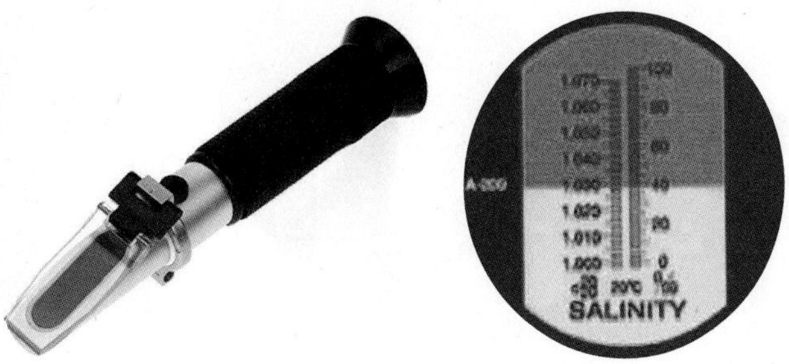

그림 1-1 굴절 식염농도계

염도 0~32%(1호), 28~62%(2호), 58~90%(3호)의 3종류가 있고 목적하는 염도에 따라 사용한다. 휴대용으로 간편하게 불과 2~3방울의 시료로 측정이 가능하며 계측기의 눈금은 중량, %로 표시되며 여러 가지 수용액의 염도 측정에 널리 이용된다.

2) 당도계

당액 농도를 측정하는 기기에는 휴대용 굴절계와 아베Abbe 굴절계가 있다. 굴절계는 용액 중에 녹아 있는 당물질에 빛이 통과할 때 굴절되는데 설탕을 함유한 용액의 농도를 전반사의 원리를 기초로 하여 굴절률로 표시하는 것으로, 휴대용 굴절계는 시료가 2~3방울 정도면 충분하며, 다루기가 간단하게 되어 있다. 보통 아베 굴절계가 정밀도가 높아 많이 사용한다. 계측자의 눈금은 중량 %(Brix, 도)으로 표시되며 굴절계는 당도의 범위에 따라 0~32%(1호), 28~66%(2호), 50~85%(3호) 등으로 구분되어 있으므로 목적하는 당도에 알맞은 것을 선택한다.

(1) 아베 굴절 당도계의 사용법

① 접안렌즈를 들여다보면서 접안경을 돌려서 눈금이 확실하게 보이도록 조절한다.

② 아래쪽의 덮개판을 열고 받침대 유리 위에 2~3방울의 시료를 떨어뜨린 후 덮개를 끼운다.

③ 입사광창을 환한 쪽으로 향하여 접안렌즈를 들여다보면서 접안경을 돌려서 명암의 경계선이 명확히 나타날 때까지 초점을 맞춘다. 경계선의 수치가 설탕 농도의 중량 %이다. 측정의 정확도는 ±0.2~0.5%의 범위이다.

④ 굴절률은 온도에 따라 변하기 때문에 기기 설명서의 첨부된 표(온도에 따른 당도 보정치)를 보고 당도 %를 보정한다.

(2) 눈금의 조정법

① 굴절계 1호의 경우, 증류수를 측정할 때의 눈금이 0%가 되도록 드라이버로 눈금 조절나사를 조절한다.

그림 1-2 **휴대용 굴절 당도계의 구조도**

그림 1-3 **아베 굴절 당도계**

② 굴절계 2호의 경우, 포화식염수를 사용하여 굴절률에 의한 눈금(Brix, 도), 예를 들면 20℃에서는 29.6, 25℃에서는 29.2의 눈금이 경계선이 되도록 맞춘다.

3) 온도계

식품의 온도측정과 온도 변화에 따른 조리 상의 변화를 관찰하기 위해서 온도계Thermometer가 필수적이다. 온도계는 용도에 따라 매우 다양한 종류가 있으며 모양, 재질, 온도범위 등이 다양하다.

그림 1-4 **수은온도계**

그림 1-5 **캔디형 온도계**

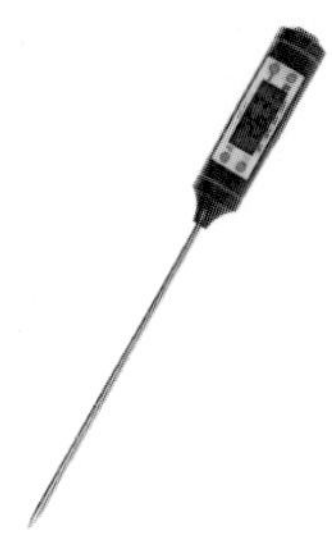

그림 1-6 **고기 온도계**

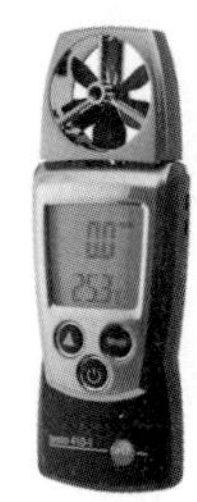

그림 1-7 **테스토**

4) pH meter와 pH paper

pH는 수소이온 농도를 나타내는 것으로 pH paper나 pH meter를 이용하여 수소이온 농도를 측정한다.

(1) pH meter

유리의 얇은 막을 경계로 수소이온 농도가 다른 2개의 용액을 접하면 양액의 수소이온 농도에 비례한 전위차가 발생한다. pH meter는 이 원리로 유리전극에 비교전극을 삽입한 복합전극을 검액 속에 담가 pH가 전기적으로 측정되는 것이다. 검액은 착색된 것이나 투명한 것도 측정 가능하고 측정하기 전에 pH 표준액으로 보정을 행한다.

(2) pH paper

정밀도가 낮으나(오차 범위는 대체로 0.2~0.5pH 정도) pH의 대략치를 간단히 측정하기에 편리하다. pH paper는 적당한 지시약을 여과지에 침투시켜 건조하여 만든 것으로, pH paper에 검사 액을 담갔을 때의 변색도를 표준 변색표와 비교하여 pH를 판정하는 것이다.

이때 지시약은 색변화에 예민한 것을 사용한다. 변색하는 pH의 범위는 TBThymol Blue는 1.4~3.0, 8.0~9.6, MRMethyl Red는 5.4~7.0, CRCresol Red는 7.2~8.8과 같이 지시약에 따라 달라지기 때문에 적당한 변색범위를 조합한 시험지의 set(1set에 7개, 10개) 등이 표준변색표와 함께 시판되고 있다. 또한 측정범위가 pH 1.0~10.0 인 pH paper도 있다.

그림 1-8 pH meter(table형)

그림 1-9 pH paper

(3) pH paper 사용법

시험지는 깨끗한 가위로 2cm의 길이로 잘라 페트리디시에 넣어둔다. 시험지의 한 끝을 핀셋으로 집어 검사액에 담가 두어 액이 충분히 침투하면 꺼내어 여분의 액을 여과지로 가볍게 닦아 낸 후 바로(1~2초) 표준 변색표와 맞춰보며 해당하는 색상의 pH를 구할 수 있다. 검액의 pH가 변색 범위의 중앙 부근이 되도록 적당한 시험지를 사용하는 것이 좋다.

pH 시험지는 어느 정도 완충력을 가진 용액에 사용한 것이므로, 완충작용이 적은 강산, 강알칼리만을 함유한 묽은 용액의 pH를 paper로 측정하는 것은 무리이다. 또 착색한 용액은 일반적으로 부적당하지만 완충작용이 강한 용액의 경우에는 증류수로 희석하여 측정한다.

5) 점도계

(1) Ostwald viscometer(오스왈드 점도계)

일정량의 액체가 U자형 모세관 가운데를 흘러내릴 때 소요되는 시간을 증류수나 글리세린 등을 표준액으로 해서 점성을 상대 비교하기 위해 측정하는 기계이다.

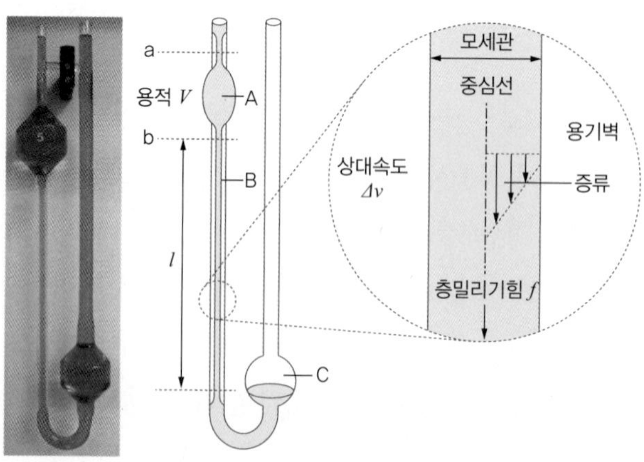

그림 1-10 Ostwald 점도계(모세관 점도계)
출처: 대한과학(www.daihan-sci.com)

(2) Brookfield rotational viscometer(B형 회전 점도계)

시료액체 속에서 원통막대를 담가 일정 속도로 회전시키면 원통이 저항을 받게 되는데 이때 원통의 크기나 회전수가 같으면 액체의 점도에 따라 저항의 크기도 달라진다. 이러한 원리를 이용해서 만든 회전점도계이다.

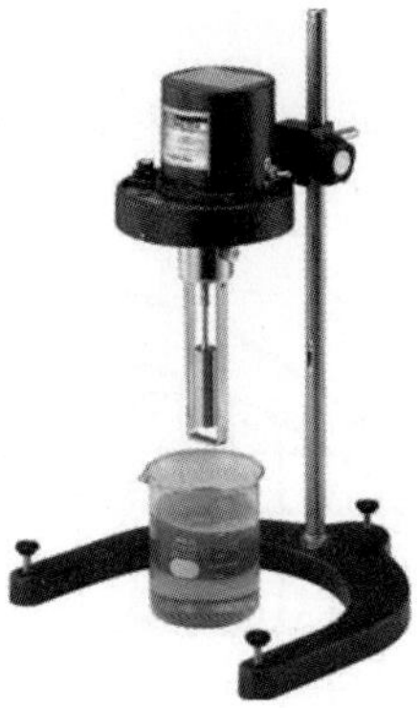

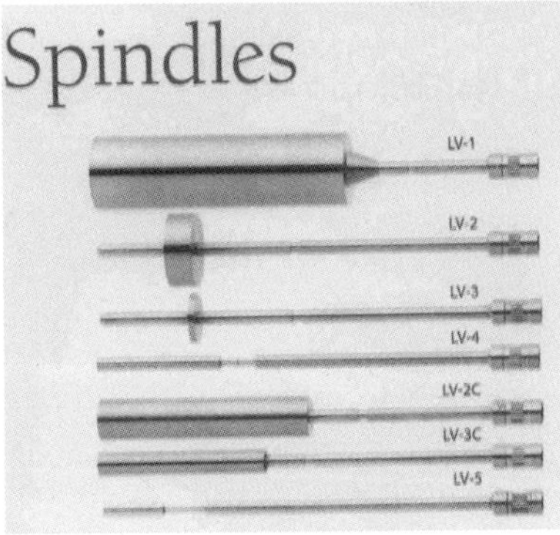

그림 1-11 Brookfield rotational viscometer와 Spindles(B형 회전 점도계)

(3) Apparent viscosity tester

점도가 있는 액체를 밑이 없는 투명한 원통형 파이렉스 용기에 넣고 용기를 제거 후 일정 시간 동안 중심점에서부터 x, y선상의 사방으로 퍼져나간 점을 표시한 후 이들의 퍼짐 정도를 이용하여 상대적인 점도를 측정하는 방법이다.

전분 호화액의 점성을 측정하는 데 사용되며 시간이 지남에 따라 점도의 변화가 기록되게 만들어진 장치이다.

6) 색차계

(1) 측색색차계

색 측정 후 이를 숫자로 표시하여 시료 간의 색의 차, 즉 색차를 측정하는 기기이다. 색의 표시방법에 따라 CIE 표준색차계, Munsell 색차계, Hunter 색차계 등이 있다.

보통 색의 표현은 색입체에 의해 명도, 채도, 색상의 척도로 색의 위치를 결정한다.

색차계에서 사용하는 척도는 L, a, b로 Llightness은 명도, aredness는 적색과 녹색의 정도, byellowness는 황색과 청색의 정도를 나타낸다. 또한 채도는 중심으로부터의 거리에 의해 나타낼 수 있다. 색차는 시료 1의 L1, a1, b1 및 시료 2의 L2, a2, b2을 측정하여 2개 시료간의 거리로 계산된다.

(2) 표준색표

시료색을 표준색과 대비하여 표준색의 명칭 또는 기호로서 색을 표현하는 방법이다.

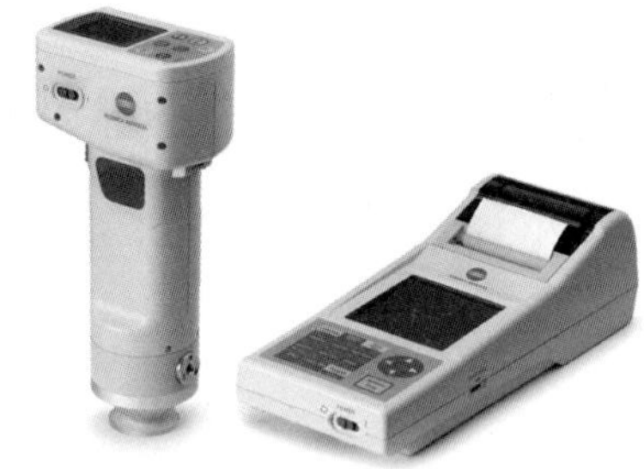

그림 1-12 측색 색차계(Colormeter)

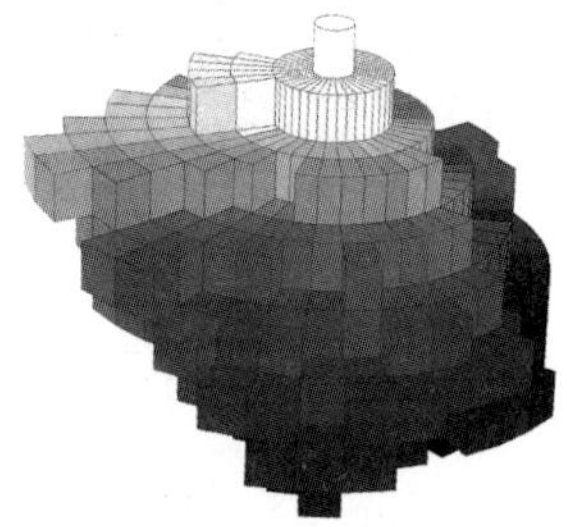

그림 1-13 색차계에 있어서의 색입체

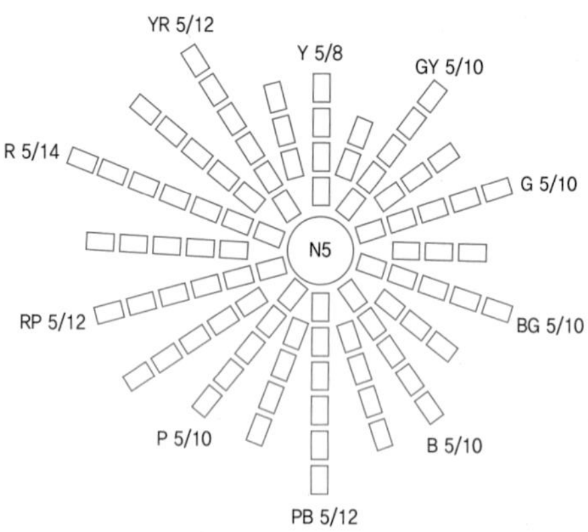

그림 1-14 색입체의 횡단면도

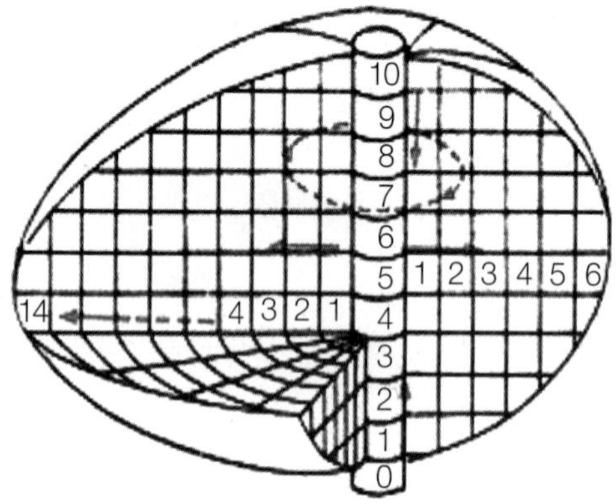

그림 1-15 색입체 구조도

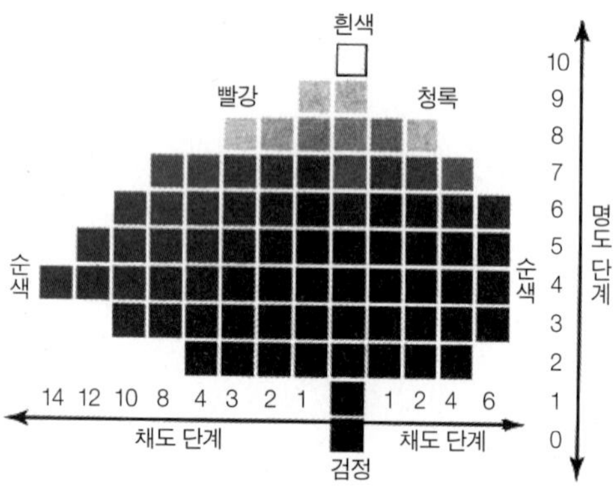

그림 1-16 색채표

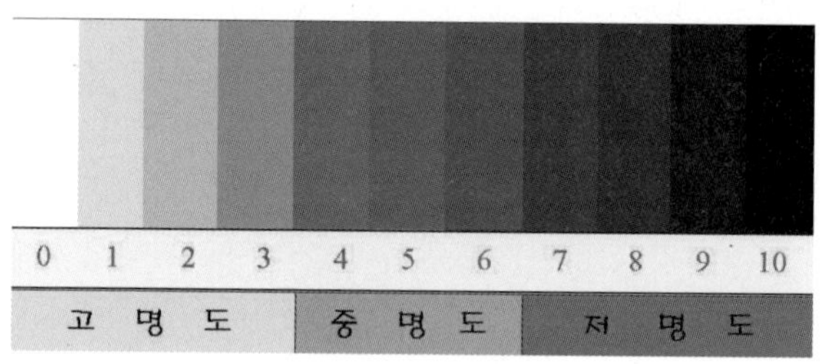

그림 1-17 명도표

7) 질감측정계

식품의 질감은 입안에서 느껴지는 감촉에 의해 결정되는 물리적 성질이 종합적으로 평가되어 나타나는 것으로 식품의 기호도와 관련되는 중요한 성질이다.

질감을 측정하는 방법으로는 관능검사에 의한 방법과 기계적인 측정법이 있으며, 식품의 texture를 기계적으로 측정하기 위해 개발된 것으로 Rheometer 이외에 Texturometer Instron Universal Testing Machine 등이 있다.

(1) Rheometer

Textrometer처럼 구강 내 저작운동을 물리적 수치로 나타내는 기계이다.

식품의 질감 특성인 경도, 응집성, 점성, 탄력성, 부착성, 파쇄성, 씹힘성, 검성 등을 기계로 분석할 수 있다.

① 경도hardness : 식품의 형태를 변경시키는 데 필요한 힘을 말한다.

② 응집성cohesiveness : 식품의 형태를 이루는 내부 결합력, 즉 식품을 구성하고 있는 같은 성분들끼리의 끄는 힘을 말한다.

③ 점성viscosity : 단위 힘에 의하여 유동하는 정도, 즉 유체의 흐름에 대한 저항을 말하는데 점성이 크면 유동하기가 어렵다.

④ 탄력성elasticity, springiness : 외부의 힘에 의해 생긴 변성이 그 힘을 완전히 제거하면 변형 이전의 상태로 되돌아가려는 성질이다.

⑤ 부착성adhesiveness : 식품과 다른 물체(혀, 치아, 구강 등)의 표면이 서로 부착되어 있는 상태에서 떼어내는 데 필요한 힘을 말한다.

⑥ 파쇄성brittleness : 식품을 파쇄 하는 데에 필요한 힘으로서 경도, 응집성과 관계가 있다. 일반적으로 잘 부수어지는 식품은 응집성이 적으며, 경도는 큰 것도 있고 작은 것도 있다.

⑦ gum성gumminess : 반 고형 식품을 삼킬 수 있는 상태로까지 부수는 데 필요한 힘으로서 경도, 응집성의 두 가지 기본적인 특성과 관련이 있다.

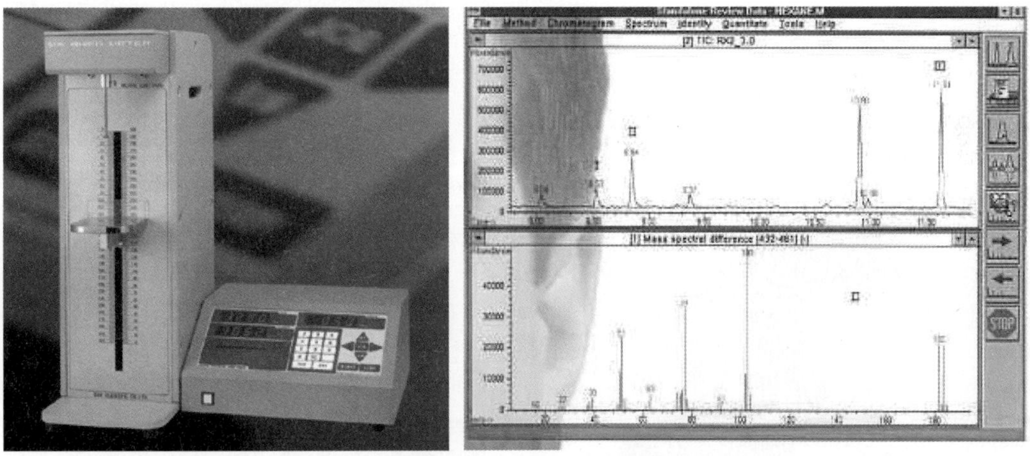

그림 1-18 Rheometer
출처 : 대고무역(www.daego-trad.co.kr)

(2) Textrometer

Instron으로 측정하여 얻은 texture 곡선의 한 예로서, 그 도형으로부터 각각의 texture 특성을 계산할 수 있다.

그림 1-19 Textrometer
출처: 인스트론(www. public.iastate.edu)

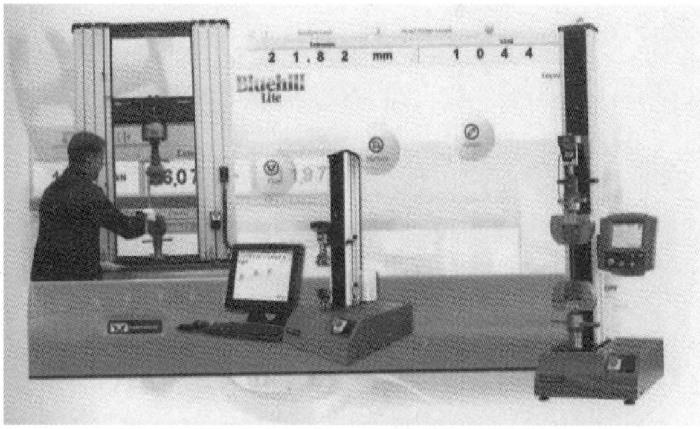

그림 1-20 Instron에 의한 texture 측정
출처: 인스트론(www. public.iastate.edu)

8) 현미경

현미경Microscope은 육안으로 식별하기 어려운 물질의 형태나 구조를 크게 확대하기 위하여 사용되는 기계이며, 일반적으로 사용되는 광학 현미경과 미세한 구조를 관찰할 수 있는 전자현미경이 있다.

광학 현미경은 전분의 호화 양상이나 구조 등을 크게 확대하여 세포관찰을 하는 데 주로 사용된다.

전자현미경은 세포 및 조직의 미세한 구조를 관찰할 수 있는 기계이며, TEMTransmission Electron Microscope, SEMScanning Electron Microscope, XRDX-Ray Diffraction이 있다. SEM은 광원으로 가속 전자를 사용하여 시료 표면의 미세구조를 관찰하고, 가속 전자와 시료의 충돌에 의하여 발생하는 X-선의 에너지를 분산 분광계를 사용하여 원소의 정성, 정량분석에 이용한다. 일반 광학현미경보다 분해능이 높아 파단면과 같은 복

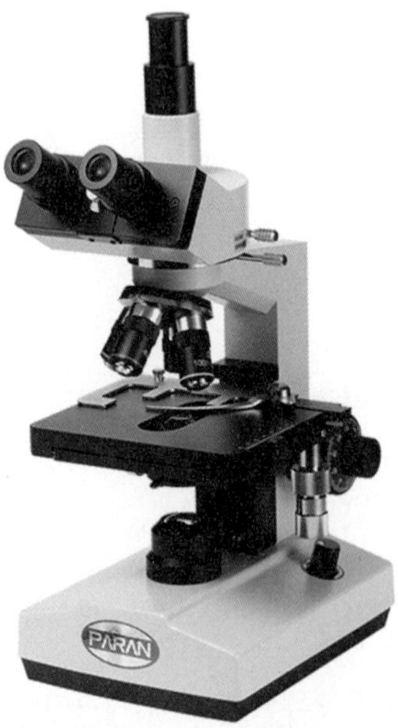

그림 1-21 광학현미경

그림 1-22 SEM과 미세구조 사진

잡한 표면의 미세조직을 관찰할 수 있다.

예를 들어, SEM은 제빵제품의 경우 단면의 미세조직을 관찰하여 기공의 크기, 균일성 등을 관찰할 수 있다.

9) Ridgelimeter/Curdmeter

(1) Ridgelimeter

Pectin Jelly의 Gel 강도를 측정하기 위하여 고안된 장치로서 jelly를 jelly 틀에서 꺼내 거꾸로 했을 때의 sag(가라앉음 또는 내려앉음)를 측정함으로써 gel 강도를 구한다.

Ridgelimeter 전용의 jelly glass 내에서 굳힌 pectin jelly를 용기에서 꺼내어 장치된 유리판 위에 거꾸로 놓고 2분 후에 gauge(S)를 사용하여 높이를 재어 최초의 높이와 나중 높이에 대한 백분율, 즉 sag 정도(%)로서 gel 강도를 표시한다. Pectin jelly가 단단할수록 sag(%)은 작다.

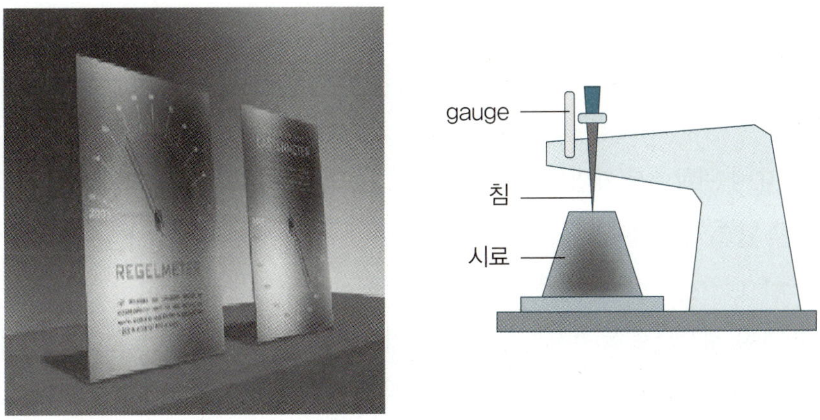

그림 1-23 Rigelimeter / Curdmeter

(2) 성형틀의 형태

그림 1-24 두부틀

그림 1-25 각종 모양틀(mould)

제2장

관능검사

1. 관능검사의 정의와 이용

우리는 매일 먹고 있는 음식과 식품에 대해 의식적으로나 무의식적으로나 그 품질을 평가하고 있으며 이렇게 축적된 경험을 바탕으로 식품을 선택할 때 나름대로의 평가기준을 가지고 있다.

1) 관능검사의 정의

기기에 의한 평가에 비해 사람의 감각으로 평가하는 것을 관능적 평가법이라 하고 이를 관능검사Sensory Evaluation라고 한다.

관능검사는 1930년대에 미국에서 개발된 연구방법으로 1970년대에 이르면서 크게 발전되었으며, 그 후 꾸준히 연구 발전되고 있는 분야이다.

미국의 FTInstitute of Food Technologists의 관능검사 분과위원회에서는 "식품의 관능검사란 식품의 특성을 시각, 후각, 미각, 촉각 및 청각으로 느껴지는 반응을 평가 분석하여 해석하는 과학의 한 분야"라고 정의하였다. 즉 식품의 맛이나 그 외 제품의 평가를 사람의 감각에 의해 측정해서 통계학을 토대로 검정하여 심리학, 생리학 등의 측면으로 판정하는 것이다.

2) 관능검사의 이용

① 관능검사란 통계학의 이론을 기본으로 하여 사람의 감각기관을 통하여 식품의 품질을 검사한 후 결과를 수치적으로 표현하는 평가방법으로 개인의 감각기관에 의존하기 때문에 주관적 평가subjective evaluation라고 한다.

② 이에 반해 관능검사의 대상 식품에 대한 부가적인 정보를 얻기 위해 행하여지는 기계적인 측정에 대한 평가는 객관적 평가objective evaluation라고 한다.

③ 관능검사는 식품을 대상으로 할 뿐만 아니라 담배, 화장품, 향료 및 색채 관련물품 등과 같이 주관적 감각을 통해 구체적, 수량적으로 품질을 평가해야 하는 분야에도 널리 이용한다.

④ 식품생산업체에서는 이들 결과를 식품에 대한 소비자의 기호도로 간주하여 식품생산량의 증감을 결정하는데 적용하기도 한다. 그러나 소비자의 기호도로 나타난 이들 결과는 미리 계획되고 설계된

검사방법과 과학적, 수학적인 이론에 근거를 둔 것이 아니므로 신뢰성이 문제가 될 때도 있다.

2. 관능검사원

1) 관능검사원의 선정

관능검사원taste panel은 관능검사의 측정수단이 되는 사람의 집합체로 전체를 패널panel, panelist이라고 한다.

관능검사는 식품 시료 간의 차이를 식별하거나 평가하는 분석적 방법과 소비자의 기호를 조사하는 기호조사법의 두 가지 형태가 있다.

따라서 검사원도 분석적 방법에 관여하는 분석형 패널과 기호조사에 참여하는 기호 조사형 패널이 있다.

- 분석형 패널 : 실험실적 연구를 위해 패널 자신들이 차이를 식별할 수 있는 능력을 필수적으로 갖추고 한 가지에 대해 여러 번 반복해야 한다.
- 기호조사형 패널 : 자신들이 조사 당하는 입장에 있으며 한 번에 몇 가지 질문에 답을 하되 여러 번 행하지 않으며, 무작위로 선발되므로 검사원의 선정에는 큰 문제가 없다.

대체로 패널의 수는 10~30명이며 다음과 같은 조건을 갖추어야 한다.

가) 식별능력과 재현 능력이 좋을 것

나) 테스트에 대한 이해와 관심이 있고 필요할 때 응할 수 있을 것

다) 건강하고 양식 있는 판단력이 있을 것

라) 질문의 의미를 정확히 알고 바르게 답할 수 있을 것

마) 검사 대상 식품에 대한 특별한 편견이 없을 것

사) 연령은 17~50세 정도일 것

2) 관능검사원의 훈련

관능검사원은 훈련되거나 또는 그렇지 않은 두 종류로 구분된다.

- 훈련된 검사원 : 주로 차이식별검사에 익숙해 있으며, 훈련 목적은 시료 종류에 대한 품질의 차이 및 채점표에 나타난 용어에 대하여 같은 관점에서 이해하도록 설명하는 데 있다.
- 훈련되지 않은 검사원 : 기호조사 시에 적용되며 이들에 대해서는 검사의 절차만을 설명하여야 하며, 그 외의 판단에 영향을 주는 것을 피하여야 한다. 이들은 주로 제품제조에는 관계없는 소비자의 기호조사와 같은 경우에 필요하다.

검사원의 선발 및 훈련에는 짝짓기 검사, 차이검사, 순위정하기 및 강도측정 그리고 묘사분석과 같은 훈련이 필요하다.

표 2-1 짝짓기 검사에 사용되는 시료

맛	대표적 물질	농도(g/L)
단맛	설탕	20
신맛	주석산	0.5
쓴맛	카페인	1
짠맛	소금	2.0
떫은 맛	명반	1

표 2-2 차이검사에 사용되는 시료

시료	농도	
	시료 1	시료 2
카페인	0.2	0.4
주석산	0.4	0.8
설탕	7.0	14.0
델타-degalactane	0.002	0.004

출처: Mailgaard, 1987

표 2-3 순위법과 평점법에 사용되는 시료

	시료	시료의 농도			
신맛	구연산/물	0.25	0.5	1.0	1.5(g/L)
단맛	설탕/물	10	20.0	50.0	100(g/L)
쓴맛	카페인/물	0.03	0.06	1.3	2.6(g/L)
짠맛	소금/물	1.0	2.0	5.0	10.0(g/L)
향기					
알코올	3-methylbutanol	10	30	80	180(mg/L)
텍스처					
경도	Cream cheese, American cheese peanut, carrot, slice				
부서짐성	Cream muffin, cracker, Firm crisp bread life saver				

출처: Mailgaard, 1987

검사원을 뽑을 때는 두 가지의 기본적인 방법이 있다.

첫째, 네 가지 기본 맛을 묽은 농도에서 진한 농도까지 만들고 이들에 대하여 맛의 종류를 식별하게 하여 그 역가(절대값, 한계치, threshold)를 검사하는 방법

절대역가(absolute threshold)
어떤 물질의 맛을 인식할 수 있는 최저농도(양)로 quinine(쓴맛 성분)의 절대역가가 상대적으로 낮으며, 그 이유는 독성이 있는 alkali 등을 빨리 식별할 수 있는 생명보존의 본능 때문이다.

둘째, 농도를 달리한 두 가지 이상의 수용액에 대하여 맛의 강도를 판정하게 하고 그 역가를 구하는 방법. 이때 사용되는 네 가지 기본 맛의 수용액을 제조하는 데 사용되는 표준물질은 다음과 같다.

표 2-4 기본 맛과 역치값

기본 맛	대표적인 물질	역치(%)
짠맛	식염	0.2
신맛	젖산, 초산, 구연산	0.012
쓴맛	키니네, PTC**	0.00005
단맛	설탕	0.5

* 기본 맛의 역치
**PTC : Phenylthiodarbamide

3) 관능검사 시 주의사항

(1) 시료에 관한 정보

관능검사 하고자 하는 시료에 대한 자료는 패널요원들에게 최소한으로 알려주어야 한다. 즉 시료의 어떤 특성을 평가하는지, 평가하는 요령은 무엇이지 등 검사에 필요한 사항만을 알려준다.

(2) 용기

흰색의 동일한 모양 및 크기를 가진 용기를 사용하고, 용기에 여러 가지 색이나 무늬, 글씨가 있는 것은 적절하지 않다. 크기는 충분한 양을 담을 수 있어야 하며 맛과 냄새에 오염되지 않는 재질을 사용한다.

(3) 시료의 크기와 수량

검사물을 대표할 수 있고 반복해서 맛볼 수 있도록 충분한 양과 개수를 제시해야 한다. 텍스처 특성을 평가할 때는 시료의 크기가 영향을 주므로 크기는 동일해야 하며, 매번 제공되는 시료 역시 동일한 크기를 유지해야 한다(ASTM, 1968).

(4) 온도 및 시간

시료의 온도는 일반적으로 상온(20~25℃)이 적절하며 특별한 경우는 일상 섭취하는 온도로 제시해야 한다.

검사시간은 식사와 식사 중간시간(오전 10:30경, 오후 3:30경)에 실시한다(Larmond, 1977).

(5) 기호

편견을 유도하는 표시들(예: A. B, C/1, 2, 3 등)은 택하지 않고 의미가 없는 기호Coding를 사용함이 좋다. 일반적으로 무작위로 선택한 세 자리 숫자를 사용하는데 임의로 선택하기도 하나, 난수표를 이용하여 사용하기도 한다.

(6) 검사물 이외의 준비물

시료와 시료의 평가 사이에 서로 영향을 받지 않도록 실온의 무색, 무미, 무취의 입가심 물을 주로 제공한다. 기름기 많은 음식 평가 시에는 따뜻한 물이나 레몬즙을 넣은 물을 사용하며, 뒷맛이 남는 음식 평가 시에는 사과, 크래커, 식빵 등을 함께 제시한다.

(7) 질문지 작성

관능검사를 위한 질문지는 가능한 요약되어야 하고 필요한 사항만을 적어야 한다. 질문의 내용은 시료, 날짜, 성명과 검사요령을 요약하여 설명하고 평가항목이 많을 경우 별도의 질문지를 작성하여 관능검사를 별도로 실시함이 좋다.

(8) 검사실 환경

관능검사시의 검사실은 밝고 쾌적하며 냄새자극이나 심리적인 장애요소가 없어야 한다.

검사실 내에는 검사원 각자가 서로 표정을 보거나 말을 할 수 없도록 칸이 쳐진 부스booth 내에서 독자적인 평가를 할 수 있도록 하는 것이 좋다.

그림 2-1 관능검사실과 관능검사 모습

표 2-5 난수표

행＼열	(1)	(2)	(3)	(4)	(5)	(6)	(7)	(8)	(9)	(10)	(11)	(12)	(13)	(14)
1	10408	15011	01536	81647	81647	91646	69179	14194	02590	36207	20969	99570	91291	90700
2	22368	46573	25595	30995	30995	89198	27982	53402	93965	24095	52666	19174	39615	99505
3	24130	48360	22527	76393	76393	64809	15179	24830	49340	32081	30680	19655	63348	58629
4	42167	93093	06243	07856	07856	16376	39440	53537	71341	57004	00849	74917	97758	16379
5	37570	39975	81837	06121	06121	91782	60468	81305	49884	60672	14110	06927	01263	54613
6	77921	06907	11003	42751	27755	53493	18602	70659	90655	15053	21916	81825	44394	42880
7	99562	72905	56420	09994	98872	31016	71194	18733	44013	48840	03213	21069	10634	12952
8	96301	91977	05463	07972	18876	20922	94595	56869	69014	60045	18425	84903	42508	32307
9	89579	14342	63661	10281	17453	18103	57740	84378	25331	12566	58678	44947	05585	56941
10	86475	36857	53342	53988	53060	59533	38867	62300	03158	17983	16439	11458	18593	64952
11	28918	69578	88231	33276	70997	79936	56865	05859	90103	31595	01547	85590	91610	78188
12	63553	40961	48235	03427	49626	69445	18663	726951	52180	20347	12234	90511	33703	90322
13	09429	93969	52636	92737	88974	33483	36320	7617	30015	08272	84115	17156	30613	74925
14	10365	61129	87529	85689	48237	52267	67689	93394	01511	26353	85104	20235	29975	89868
15	07119	97336	71048	08178	77233	13916	47564	81056	97735	85977	29372	74461	28551	90707
16	51053	12765	51821	51259	77452	16303	60756	92144	49442	53900	70960	63990	75601	40719
17	02368	21382	52404	60248	89368	19885	55322	44819	01183	65255	64835	44919	05944	55157
18	01011	54092	33362	94904	31273	04146	18594	29852	71585	85030	51132	01915	92747	64951
19	52162	53916	46369	58586	23216	14513	83149	98436	23495	64350	94733	17752	35156	35749
20	07056	97628	33787	09998	42698	06691	76988	13602	51851	46104	88916	19509	25625	58104
21	48663	91245	85828	14346	09172	30168	30229	04734	59193	22178	30421	61666	99904	32812
22	54164	58492	22421	74103	47070	25306	76468	26384	58151	06646	21524	15227	96909	44592
23	32639	32363	05597	24200	13363	38005	94342	28728	35806	06912	17012	64161	18296	22851
24	20334	37001	87637	87303	58731	00256	45834	15398	46557	41135	10367	07684	36188	18510
25	02488	33062	28834	07351	19731	92420	60952	61280	50001	67653	32586	86679	50720	94953
26	81525	72295	04839	96423	24878	82651	66566	14778	76797	14780	13300	87074	79666	95725
27	29676	20591	68086	26432	46901	20849	89768	81536	86645	12659	92259	57102	80428	25280
28	00742	57392	39064	64432	84673	40027	32832	61362	98947	96067	64760	64584	96096	98253
29	05366	04213	25669	26422	44407	44048	37937	63904	45766	66134	75470	66520	34693	90449
30	91921	26481	64117	94305	26766	25940	39972	22209	71500	64568	91402	42416	07844	69618
31	00582	04711	87917	77341	42206	35126	74087	99547	81817	42607	43808	76655	62028	76630
32	00752	69884	62797	56170	86324	88072	76222	36086	84637	93161	76038	65855	77919	88006
33	69011	65795	95876	55293	18988	27354	26575	08625	40801	59920	29841	80150	12777	48501
34	25976	57948	29888	88604	67917	48708	18912	82271	65424	69774	33611	54262	85963	03547
35	09763	83473	73577	12908	30883	18317	28290	35797	05998	41688	34952	37888	38917	88050
36	91567	42595	27958	30134	04024	86385	29880	99730	55536	84855	29080	09250	79656	73211
37	17955	56349	90999	49127	20044	59931	06115	20542	18059	02008	73708	83517	36103	42791
38	46503	18584	18845	49618	02304	51038	20655	58727	28168	15475	56942	53389	20562	87338
39	92157	89634	94824	78171	84610	82834	09922	25417	44137	48413	25555	21246	33509	20468
40	14577	62765	35605	81263	39667	47358	56873	56307	61607	49518	89686	20103	77490	18062
41	90427	07523	33362	64270	01638	92477	66969	98420	04880	45585	46565	04102	46330	45709
42	34914	63976	88720	82765	34476	17032	87589	40836	32427	70002	70663	88863	77775	69348
43	70060	28277	39475	46473	23219	53416	94970	25832	69975	94884	19661	72828	00102	66794
44	53976	54914	06990	67245	68350	82948	11398	42878	80287	88267	47363	46636	06541	87809
45	76072	29515	40980	07391	58745	25774	22987	80059	39911	96189	14222	14222	60697	59583
46	90725	52210	83974	29992	65831	38857	50490	83765	55657	14361	57375	57375	56228	41546
47	64364	67412	33339	31926	14883	24413	59744	92351	92473	89286	04110	04110	23726	51900
48	08962	00358	31662	25388	61642	34072	81249	35648	56891	69352	45578	45578	78547	51788
49	95012	68379	93526	70765	10592	04542	76463	54328	02349	17247	14777	14777	62730	52277
50	15664	10493	20492	28291	91132	21999	59516	81652	27159	48223	22923	22923	33261	85653

3. 관능검사 방법과 통계를 이용한 결과 해석

관능검사는 맛이나 품질평가, 기호도를 알기 위해 실시된다. 목적에 따라 구분한 주요방법을 선택해서 사용하고 그 결과를 통계표를 이용해서 검정한 후 간단하게 그 해석을 서술한다.

1) 관능검사방법

(1) 차이식별검사

차이식별검사는 식품시료 간의 관능적 차이를 분석하는 방법으로 관능검사 중 가장 많이 사용되는 검사이다.

차이식별검사는 1) 신제품의 개발, 2) 제품 품질의 개선, 3) 제조공정의 개선 및 최적 가공조건의 설정, 4) 원료 종류의 선택, 5) 저장 중 변화와 최적 저장조건의 설정, 6) 식품첨가물의 종류 및 첨가량 설정 등에 이용할 수 있다.

- **단일시료법**simple sample test

이 방법은 단일 시료에 대해 행하여지는 것으로 상품 개발 초기에 이 상품의 판매 예상 방향에 유용한 자료를 줄 수 있으며 검사를 용이하게 시행할 수 있는 장점이 있다. 단, 전문적인 검사원의 경험에 의한 기억표준과 비교하여 차이를 식별하게 하는 점이 어렵다.

- **2점 비교법**simple paired comparison test

표준시료와 시험하고자 하는 시료 두 개를 패널에게(n명) 동시에 평가하여 차이를 – 어느 쪽이 맛이 강한가, 맛에 차이가 있는가 – 판정(식별)하게 하거나, 또는 선호를 – 좋아하는가, 싫어하는가 – 물어 판정(기호)하게 하는 방법으로 정답이 될 확률은 50%이다.

예 hotcake의 두유 이용에 관한 실험 : 시판되고 있는 hotcake mix에 시료 A는 우유를 가하고, B는 두유를 가해 구워서 색, 향, 맛, 종합평가에 대해 20인 패널의 기호성을 검사한다.

표 2-6 2점 비교법 검사의 질문지

두유를 첨가한 hotcake mix의 기호도 조사

날짜 : 년 월 일 Panel No.:

성별 : 남 / 여 연령 : 세

아래의 시료 두 개를 맛보고 색, 향, 맛 및 종합적인 평가에 대해 A, B 중 어느 것이 기호도가 좋은지 ✓ 표시해 주십시오.

	A	B
색		
향		
맛		
종합평가		

예를 들어, 검사결과를 A(기본군)와 B(두유첨가군)로 나타낼 때 다음과 같은 결과가 나올 수 있다.

관능검사 결과

항목	판정 도수		판정
	A	B	
색	12	8	유의차 없다.
향	9	11	유의차 없다.
맛	7	13	유의차 없다.
종합평가	5	15	유의차 있다.

2점 비교법(기호) 검정표의 n= 20에서 색, 향, 맛에서는 유의차가 없지만 종합평가에서는 5%의 신뢰도로 유의적으로 B(두유첨가군)가 좋다고 판정할 수 있다.

- 2·3점 검사법due-trio test

이 방법은 2점 비교법을 변형시킨 것으로 세 가지의 시료 중 두 가지는 표준시료로서 동일하고, 다른 것은 한 가지이다.

이때 표준 시료 1개를 먼저 시험하게 하고, 나머지 1개의 표준시료와 이와 다른 시료 1개를 제공하여, 앞의 표준시료와 다른 것을 골라내게 하는 방법으로 정답일 확률은 50%이다.

훈련을 받은 평가원에게 음식의 품질을 평가시키기 위하여 사용하거나 우수한 식별력을 가진 평가원을 선출하기 위한 방법으로 사용한다.

예 Gelatin jelly의 색 농도와 맛의 관계 : 식품의 색과 풍미 사이에는 밀접한 관계가 있다. 여기에서는 색의 농도에 따른 맛의 변화에 대해 2·3점 검사법으로 관능검사를 행하여 그 결과를 분석해 본다.

표 2-7 2·3점 검사의 질문지

Gelatin jelly의 차이 식별검사

성명 :
날짜 :
품명 :

표준시료 S를 먼저 맛본 후 349, 207을 검사하여 S와 유사한 시료를 지적하여 ✓ 표시해 주십시오.

시료	S와 유사한 시료
349	
207	

- **3점 비교법**triangle test

이 방법은 가장 널리 사용되고 있는 관능검사법 중의 하나로 2·3점 비교법과 같이 두 가지는 동일하고 한 가지는 다른 세 개의 시료 중에서 다른 것을 골라내게 하는 방법이다.

A, B 두 종류의 시료의 감미나 입의 감촉의 차를 식별하거나 기호를 조사하기 위해 행한다. 방법은 AAB, ABA, BAA, BBA, BAB, ABB를 무작위로 배치하여 평가원에게 제공하고 세 개 중 다른 하나를 지적하게 한다.

이때 2·3점 비교법과는 달리 세 개의 시료를 동시에 검사하도록 하기 때문에 정답이 될 확률은 33.3%이다.

예 코코아를 첨가한 우유음료 실험에서 시료 A는 코코아를 첨가한 우유음료, B는 코코아를 첨가한 우유음료이나 우유의 반을 두유로 첨가하여 조제하여 아래 표와 같은 관능검사용지를 이용하여 20인의 패널에게 재료 배합의 차이를 식별시켜 기호를 조사한다.

표 2-8 3점 검사의 질문지

코코아를 첨가한 우유음료의 관능검사

날짜 : 년 월 일 Panel No.:
성별 : 남 / 여 연령 : 세

(1) 3개의 시료 중 2개는 같은 것으로 1개는 일부 재료 배합이 다른 것이다.
다른 1개를 선택해서 시료 No.에 ✓ 표시해 주십시오.

375	100	578

(2) 당신이 선택한 1개를 다른 2개와 비교할 때 '좋다'고 생각하시면 ✓ 표시해 주십시오.

예 ( )	아니오 ( )

(2) 소비자 기호도 검사

기호도 검사는 소비자의 선호도 또는 기호도를 평가하는 방법으로 새로운 제품의 개발과 개선을 위하여 주로 사용하고 있으며 일반적으로 차이식별검사나 묘사분석 검사 후 실시되며, 소비자를 중심으로 이루어지고 제품의 시장조사를 겸할 수가 있어 기호도 검사 또는 선호도검사, 소비자 검사라고도 한다.

• 순위시험법rank order test

이것은 표준시료를 포함한 여러 가지의 시료를 동시에 제공하고 특정한 성질에 대하여 순위를 정하게 하는 방법이다.

색, 맛, 향기 등의 평가를 동시에 행할 수 있으며, 해답과 결과 해석이 용이하여 널리 사용되고 있다.

차이식별검사와 기호조사 시 모두 사용되며 순위를 정하는 예를 들면, 가장 좋은 것은 '1'로 가장 좋지 않은 것은 '5'로 하는 5단계별 순위를 정하게 한다.

여러 종류의 시료의 품질특성의 강도나 기호에 대해서 순위를 정하는 방법으로 방법이 간단하므로 이용하기 쉬운 검정법이다.

예 레시피 변형에 따른 카스텔라의 기호도 조사 : 각각의 카스텔라의 특성에 대해 좋은 것은 '1', 좋지 않은 것은 '5'로 하여 순서대로 적어 주세요.

표 2-9 순위법 질문지

이름 : 번호 : 날짜 :

앞에 놓여 있는 시료의 맛을 보시고 카스텔라의 특성이 가장 잘된 순서대로 표시하여 주십시오.

	642	425	578	743	248
맛					
색					
향					
모양					

• **채점척도 시험법**scalar scoring test

두 가지 이상의 시료를 검사원에게 검사하도록 하고 어떤 일정한 특성을 기준으로 하여 시료의 특성 강도가 어떻게 다른 지를 조사하는 기호조사에 많이 사용된다.

시료 없이(R) 여러 개의 시료(3~7개)를 제시하여 정해진 척도에 따라 평가한다.

척도의 종류에는 구획척도structured scale와 비구획 척도unstructured scale가 있으며, 구획척도로는 보통 1~7, 1~9점의 항목 척도category scale가 사용되고, 비구획 척도로는 15cm의 선척도linear scale가 사용된다.

① 항목척도category scale

숫자나 설명으로 그 한계를 정하고 각 항목간 차이는 동일한 간격을 유지하는 방법이다.

예를 들어, 7점 척도법을 사용할 경우, 1은 대단히 약한, 2는 약한, 3은 약간 약한, 4는 보통, 5는 약간 강한, 6은 강한, 7은 대단히 강한으로 시료의 질감을 표시하는 것이다.

예 White sauce의 재료배합과 기호성에 관한 실험 : White sauce를 아래의 재료배합으로 4종류를 제조한 후 관능검사용지를 만들어 13명의 패널에게 각 시료를 1회씩 시식하게 하여 채점 척도법으로 white sauce의 품질을 검토한다.

A : 밀가루 + 버터 + 우유 B : 밀가루 + 버터 + 두유

C : 밀가루 + 버터 + 두유 + 버터 D : 밀가루 + 버터 + 두유 + soup stock

표 2-10 항목척도표시법의 예

White sauce의 관능검사

날짜 : 년 월 일 Panel No.:
성별 : 남 / 여 연령 : 세

4종류의 White sauce를 비교해서 각각의 시료에 대해 맛, 향, 혀의 촉감, 종합평가에 대해 9점법에 의해 평가하여 주십시오.

판정기준 : 9 — 매우 좋다
7 — 좋다
5 — 보통이다
3 — 나쁘다
1 — 매우 나쁘다

시료 항목	290	928	887	772
맛				
향				
혀의 촉감				
종합평가				

② 선척도line scale, liner interval scale

일정거리의 직선상(15cm, 양끝에서 1.25cm, 들어온 곳에 한계점 표시)에 느끼는 강도의 정도로 표시하게 할 수 있으며 이 경우 왼쪽 끝으로부터 표시되 지점까지의 거리를 점수로 환산하여 통계분석에 사용한다.

이 방법의 장점은 항목척도의 단점인 항목 숫자 간의 강도를 표시할 수 있으며 좋아하는 숫자나 싫은 숫자개념을 없앨 수 있다. 그러나 숫자가 표시되어 있지 않아 강도의 느낌을 분류하기나 기억하기 힘든 단점이 있다.

표 2-11 선척도의 예

대단히 약한 — 보통 — 대단히 강한

이름 : 날짜 :

어린이에게 시료를 맛보게 한 후 느낌을 얼굴표정에 표시(∨또는 ○)하게 해주세요.

가장 싫은 표정 | 싫은 표정 | 보통 | 좋은 표정 | 가장 좋은 표정

그림 2-2 어린이를 위한 기호 척도법(Food Action Scale Test)

• 기호도 검사

소비자를 대상으로 하는 기호척도법은 어떤 제품의 기호의 정도를 평가하는 데 가장 효과적으로 사용할 수 있다.

이 방법은 9점 방법이 주로 사용되는 것으로 기호의 정도는 항목척도가 가장 많이 사용되지만 선척도나 얼굴 표정척도가 사용되기도 한다. 항목척도의 경우 좋아하거나 싫어하는 정도를 적절히 기술해야 하며 여러 예가 있다.

표 2-12 기호척도법의 설문지

이름 : 날짜 :

예 1) 앞에 놓은 시료를 먹어보고 가장 적절한 항목에 표시하여 주십시오.

대단히 좋아한다.	( )	아주 좋아한다.	( )
보통 좋아한다.	( )	약간 좋아한다.	( )
좋지도 싫지도 않다.	( )	약간 싫어한다.	( )
보통 싫어한다.	( )	아주 싫어한다.	( )
대단히 싫어한다.	( )		

예 2) 앞에 놓인 시료를 먹어보고 해당 항목에 표시를 하여 주십시오

□ □ □ □ □ □ □ □ □

대단히 싫어한다. 좋지도 싫지도 않다. 대단히 좋아한다.

예 3) 앞에 놓인 시료를 먹어보고 좋아하거나 싫어하는 정도를 선상에 표시(/)하여 주십시오.

|————————————————|————————————————|

대단히 싫어한다. 보통 대단히 좋아한다.

(3) 묘사분석

이 방법은 잘 훈련된 검사원들이 시료의 풍미, 조직감, 후미, 종합적인 평가 등에 대해 상세하게 묘사하여 기록하는 것이므로 이때의 검사원은 식품의 관능적 성질에 대하여 전문적인 지식과 용어, 기호, 방법 등에 익숙하도록 훈련되어 있어야 하며 이 관능검사 방법은 신제품 개발, 품질관리 및 검사원 훈련 시에 사용된다.

- **묘사시험법**descriptive test

묘사분석에 사용하는 방법은 향미 프로필flavor profile analysis, FPA, 텍스처 프로필texture profile analysis, TPA, 정량적 묘사분석quantitative descriptive analysis, QDA이 가장 많이 사용되고, 스펙트럼 묘사분석spectrum descriptive analysis과 시간–강도 묘사분석time-intensity descriptive analysis이 필요에 따라 사용된다.

① 향미 프로필 검사법

식품의 맛과 냄새에 기초를 두고 후미, 화학적 촉감, 전체적 향미강도를 포함시켜 출현하는 순서와 강도에 따라 분석함으로써 시료의 향미가 재현될 수 있도록 묘사한다(Keane, 1992).

향미검사는 냄새, 맛, 후미의 순서로 한다.

② 텍스처 프로필 방법

식품의 다양한 물리적 특성, 즉 단단함(경도), 응집성, 탄력성, 부착성 등 기계적 특성과 입자의 모양, 배열 등 기하학적 특성 그리고 수분과 지방의 함량 등의 강도를 평가하여 제품의 텍스처 특성을 규정하고 재현될 수 있도록 한다.

표 2-13 액상 및 반고체 식품을 위한 텍스처 용어 정의

용어	정의
표면의 촉촉함	표면의 수분 함유율
온도	혀에서의 온도 느낌(따뜻함, 차거움)
무거움	혀에 놓였을 때의 식품의 무게
견고성	부분적으로 또는 전체적으로 압착하는 데 드는 힘
부드러움성	입자가 분리되거나 느껴지는 정도
부착성	입에 부착된 시료를 제거하는 데 필요한 힘
발라짐성	혀에 시료가 퍼지는 (발라지는) 정도
2-phase impression	한 가지 이상의 텍스처 요인으로 동시에 일어나는 현상
껌성	삼킬 때 반고체 상태의 시료를 분리하는 데 요구되는 에너지
흡수성	시료와 침이 혼합되는 정도
소실률	시료가 부서지는 데 걸리는 시간
소실의 균일성	시료가 부서질 때 부서지는 균일한 정도
소실 형태	시료가 원래 상태에서 묽은 액상으로 감소하는 정도
입코팅	시료를 삼킨 후에 입안에서 코팅되는 정도나 형태
잔여물의 입촉감	입에 남아 있는 잔여물의 형태

출처: Moskowitz, 1975

③ 정량적 묘사방법

향미와 텍스처 프로필방법이 한 가지 종류의 관능 특성을 평가하는데 반하여 정량적 묘사방법QDA은 향미, 텍스처, 색 그리고 전체적인 맛과 냄새의 강도 등 전반적인 관능적 특성을 한눈에 파악할 수 있게 한 방법이다. 또한 360도의 평면 위의 거미줄 직선을 사용하여 간격(각도)을 일정하게 한 각 특성의 강도를 중심점으로부터의 거리로 표시하고 여러 개의 제품 품질을 쉽게 비교할 수 있게 한 발전된 묘사분석 방법이다.

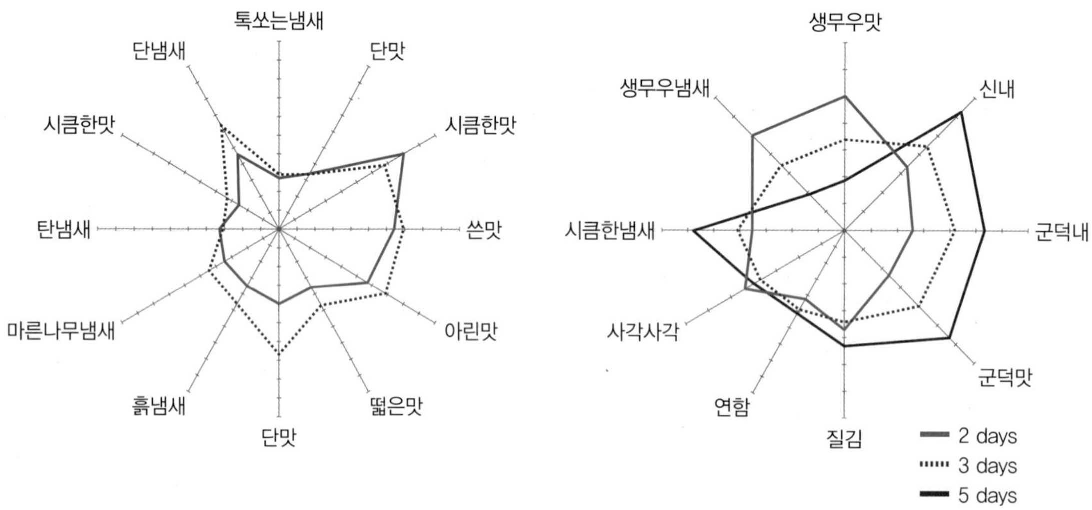

그림 2-3 **도식화된 정량적 묘사분석**(김, 1985, 식품관능검사법, 104)

과제

식품이 갖는 맛, 향, 색, 청각, 촉각 및 종합적인 표현과 관련된 예를 각각 20개 이상씩 들고 각각의 경우 주어+동사+형용사(부사)의 형태가 되도록 짧은 글짓기를 하라.

예) 맛 : 떡볶이의 달콤한 맛은 나를 편안하게 하고 매운맛은 흥분하게 한다.
향 : 우유의 냄새는 엄마에게서 나는 사랑의 향이다.
색 : 생크림의 하얀색은 여름날 뭉게구름의 새하얀 덩이색이다.
청각 : 당근을 씹는 소리가 뚜걱 뚜걱 구둣발자국 소리이다.
촉각 : 식빵에서는 살포시 내려앉는 깃털이 느껴지고, 내 치아를 붙잡아두는 끈도 느껴진다.
종합 : 제육볶음에서는 야한 색에 묻어나는 사람의 향기와 울부짖는 소리, 야들야들한 피부를 가진 고소하고 매콤한 성격의 밤의 황태자가 느껴진다.

4. 식품의 관능적 품질 특성과 물성

1) 식품의 관능적 품질 특성

소비자의 입장에서 식품의 품질을 생각할 때는 주로 관능적 특성을 의미하게 된다.

이는 사람의 오관五官을 통해 감지되고 평가되는 품질로서 소비자 자신이 평가하고 구매 및 선택의 책임을 지게 되며 정부나 관계기관에서 통제할 필요를 느끼지 않은 품질요소이다.

식품의 관능적 요소는 색과 외관, 광택(시각), 냄새(후각), 맛(미각), 손으로 만질 때의 느낌(촉감, 감촉)과 입안에서의 감촉(촉각)과 씹을 때 나는 소리(청각)와 느낌 등을 통해 느껴지는 방법에 따라 분류하는 식품의 관능적 요소는 이들을 자극하는 요소를 물리화학적으로 규명하고 분류할 수 있다. 이들 요소는 독립적으로 느끼기도 하지만 많은 경우 상호 관련을 가지고 있는 것이 특징이다. 또한 사람의 감각기능은 여러 가지 감각요소를 종합적으로 평가하는 것이 보통이며, 식품이 가지는 어떤 하나의 특성이 여러 감각 요소를 동시에 자극할 수도 있다.

즉 식품의 조직감인 '단단하다', '연하다', '질기다', '미끈거린다' 등은 식품을 입에 넣었을 때, 씹었을 때, 삼켰을 때의 느낌이 종합된 감각으로 이는 한 가지 특성에 의해 결정되는 것이 아니고 냄새, 맛 등 화학적인 반응과 관계되는 것과 시각 특성, 열적 특성 등 일반적인 물리적 성질 등 여러 가지 성질에 의해 결정된다.

① 점성 : 점성은 단위 힘당 흐름속도를 나타내며 한 스푼의 어떤 액체가 입안의 혀 위에서 끈적거리는 정도를 표현할 수 있고 보통 '묽다'에서 '되다'로 표현된다.

예 꿀을 바라보며 꿀의 점성을 확인할 수 있다 : 촉각에 의한 판단을 시각으로도 판단할 수 있다.

② 색감 : 식품이 갖는 색은 숙성, 당도, 연도를 판단할 수 있고, 향을 통해서도 당도를 가름한다.

예 바나나 진한 노란색과 흑반으로 과숙 정도를 확인할 뿐만 아니라 냄새로도 당도를 확인할 수 있다.

③ 청각 : 식품을 만지거나 입에 넣었을 때 나는 소리로서 질감을 예측할 수 있다.

예 감자칩의 경우 그 색깔과 바삭거리는 정도가 가장 중요하며 이들 두 요소가 감자칩의 품질을 좌우하게 된다.

④ 외관 : 사과소스를 만들기 위한 원료 사과는 외피의 색깔이나 형태, 과육의 조직감 등이 중요한 요소가 아니지만, 청과물로 소비될 때는 이들이 가장 중요한 요소가 된다.

식품의 관능적 품질요소는 크게 겉모양appearance, 풍미flavor, 조직감texture으로 분류하기도 한다.

겉모양은 색채, 크기, 형태와 같은 시각적 요소들이며, 풍미는 냄새와 맛을 포함하는 후각, 미각적 요소들이고 조직감은 근육운동에 의하여 느껴지는 성질과 촉감, 청각 등에 의해 감지되는 요소들이다.

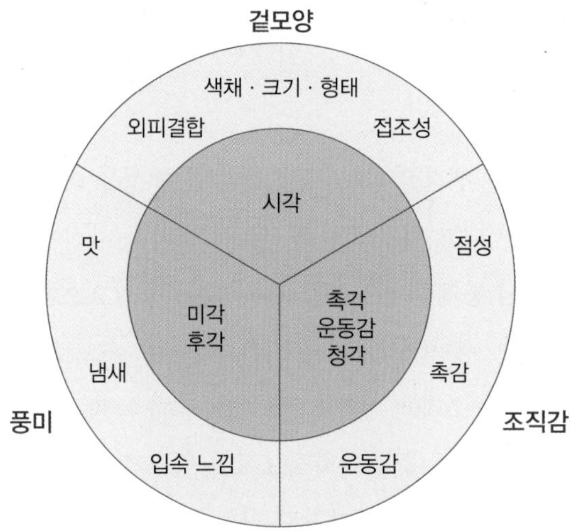

그림 2-4 **식품의 관능적 품질 요소**

2) 식품의 물성

리올로지Rheology는 유동을 포함한 물질의 변형 및 흐름의 특성을 규명하고 그 정도를 정량적으로 표현하는 학문으로 외부에서 힘이 가해졌을 때 물질이 반응하는 성질을 말한다.

즉 리올로지는 고체의 변형과 액체의 유동에 관한 물리학의 한 분야로 응집력과 변형 사이의 관계를 지배하는 품질의 성질에 관한 연구분야이다.

식품의 관능적 요소를 분류하고 정의하는 것은 이들을 정량적으로 측정하기 위함이다. 종합적으로 느껴지는 관능적 품질을 물리화학적 개념으로 분류함으로써 화학적 분석이나 물리적 측정으로 그 양과 크기를 알 수 있으며, 이들 개개의 측정된 관능요소들을 종합함으로써 어떤 식품의 관능적 품질을 객관적으로 표현할 수 있다.

그러나 각 식품마다 그 식품의 종류와 용도에 따라 품질을 결정하는 몇 가지의 특징이 있으므로 모든 관능 요소를 전부 측정할 필요는 없다.

이와 같이 식품의 관능적 품질을 물리, 화학적 요소로 분류 정의함으로써 그 식품의 특성을 나타내는 중요한 관능요소만을 선택하여 측정할 수 있는 것이다.

(1) 외관

식품의 외관Appearance은 색과 표면의 상태에 의하여 평가된다.

식품의 색은 특정한 풍미를 기대하게 되는 데 식품의 특정적인 색은 사람들이 식품을 접할 때 일차적으로 기호성에 대한 정보를 주는 중요한 요소이다.

또한 외관, 즉 식품 표면에 적당하게 색과 윤기가 있으면서, 촉촉하고 반듯할 때 기호성이 좋은 것으로 나타내며, 내부의 상태도 중요하게 작용한다.

예 빨간색 vs. 감색

예 커스터드푸딩 : 탱탱할 때 vs. 주름이 졌을 때

예 나물 : 갓 무쳤을 때 vs. 오래두어 말랐을 때; 손으로 무쳤을 때 vs. 젓가락으로 무쳤을 때

예 수프 : 음식을 스푼으로 뜰 때

예 케이크의 단면 : 나이프로 자를 때

(2) 향기와 풍미

식품의 향기Odor는 식품의 전반적인 기호성에 큰 영향을 주며 특히 음식이 뜨겁거나 따뜻할 때 더 중요하다.

향기는 양배추, 파, 마늘과 같이 휘발성이 강한 성분이 많은 식품에 특정적으로 많으며, 온도가 높을 때에 휘발이 촉진되는 반면에 낮을 때에는 휘발이 저하되므로 음식의 제조과정에서 이를 주의해야 한다.

식품의 향기를 검사하려면 향기성분이 음식 상부로 휘발되어 있으므로 손으로 코쪽으로 바람을 일으켜 맡게 되며, 관능평가 시에는 다른 냄새와 섞여 경쟁하지 않도록 해야 한다.

식품의 풍미Flavor는 입 속에서 느껴지는 맛과 향기가 한데 어울려 표현되는 것으로 아직 충분히 설명되고 있지 않다. 관능검사 시 풍미에 대한 평가는 단순한 총 풍미에 대한 기호도로 나타내는 것이다.

그러나 당분의 감미에 의해 후미로서 쓴맛이 느껴지는 경우도 있으므로 이와 같은 경우는 풍미와는 별개의 맛으로 평가한다. 예 아이스크림, 파운드케이크

(3) 조직감

식품의 조직감Texture 특성은 외관과 입속에서의 감촉과 매우 관계가 깊다.

식품의 조직감은 식품의 구성성분이 갖는 물리적, 구조적 특성에 의해 나타나는 여러 가지 성질, 즉 점성, 유동성, 견고성, 탄력성, 응집성, 부착성 등이 경험과 감각을 통해 심리적 작용으로 감지되는 것이다.

식품의 조직감에 대한 관능검사는 주로 묘사시험법에 의하게 되며 단순한 입 속에서의 감촉만이 주관적으로 평가되기 쉬우므로 특징적인 조직감은 따로 분리하고, 그 묘사된 용어를 먼저 잘 이해해야 한다.

예 어떤 검사원은 콘칩을 아삭아삭하다고 하는 반면, 다른 검사원은 부드럽다고 묘사할 수도 있다.

식품의 부드러운 성질은 조직감에서 매우 중요하며 여러 단계에서 의미를 설명하게 된다.

구운 과자류나 케이크에서 너무 부드러우면 부서지게 되고, 너무 단단하면 씹기가 나쁘다. 따라서 적당히 부드럽다는 것은 부서지지도, 단단하지도 않은 중간의 상태를 의미하게 되는 것이다. 이러한 입 속의 부드럽기는 식품의 크기를 일정하게 조절하고 입 속의 같은 위치에서 씹어서 그 횟수로 나타내기도 한다.

식품의 조직감을 기기로 측정하는 객관적인 방법이 개발되어 있으며 이것은 견고성hardness, 응집성cohesiveness, 점성viscosity, 점착성adhesiveness 등의 성질을 측정할 수 있으며, 다시 응집성을 깨어지는 성질brittleness, 씹히는 성질chewiness, 뭉치는 성질gumminess로 나뉘어 이차적 측정이 가능하다.

실험 1

Taste testing과 관능검사

목적 식품이나 음식이 갖는 고유의 맛을 사람의 감각기관을 통한 관능검사법으로 밝혀 보고 이를 관능검사원의 선정이나 맛과 조리법의 개선 및 조미방법의 변화를 찾는 데 이용해 보도록 한다.

준비물 컵, 증류수

MSG 용액(mono sodium glutamate, M.W.=169g, 0.002M) 2L

설탕용액(M.W.=58.4g, 0.01M) 2L

Tartaric acid 용액(M.W.=150g, 0.001M) 2L

NaCl 용액(M.W.=36.25g, 0.01M) 2L

Caffeine 용액(M.W.=194g, 0.002M) 2L

당근 200g, 양파 250g, 감자 250g, 쇠고기 300g, 물 5L, MSG, 소금, 후추 적당량

냄비 5개, 비커, 종이컵, 일반 조리기구

실험 1-1 Taste Testing을 위한 4원미(4 primary tastes)의 판별

아래 준비된 용액들은 4원미(단맛, 신맛, 짠맛, 쓴맛)를 나타낸다. 식품이 갖는 4원미를 testing하여 panel로서의 능력에 대해 알아보자.

4원미 판별을 위한 관능검사 방법

1) 검사용액을 code number를 붙인 컵에 각각 10mL씩 주입한다.
2) 물로 입을 잘 헹군다.
3) 검사용액을 입에 넣고 맛을 음미한다. 맛을 볼 때는 용액을 입 속에서 휘둘러서 혀의 전 표면이 젖도록 하여야 한다.
4) 맛을 본 결과를 기입한다.
5) 물로 다시 입을 헹군 후 약 30초가량 기다린다.
6) 다른 검사용액을 같은 요령으로 검사한다.

실험 표 1-1 4원미의 판별

Code No.	taste
675	
339	
474	
201	

실험 1-2 Taste threshold의 판별

이들 용액들은 4원미 용액 중 하나의 농도를 증가시킨 것이다. 그 맛과 강도를 다음의 scale을 이용하여 판별하시오(단, 2번 이상 맛을 보지 않는다).

0 = 무미, 증류수의 맛

? = 물과 다르지만 무슨 맛인지 모르겠다(최소 감각량).

T = threshold, 약하나 맛을 감지할 수 있다(최소 감미량).

1 = 약함 2 = 보통 3 = 강함 4 = 매우 강함 5 = 굉장히 강함

실험 표 1-2 4원미에 대한 Taste threshold의 판별

맛 / code	단맛	신맛	짠맛	쓴맛	비고
830					
311					
456					
109					
428					
561					
269					
072					

실험 1-3 최적농도검사

국이나 찌개를 만들 때 풍미증진제로 사용하는 mono sodium glutamateMSG의 적정 농도를 알기 위하여 MSG의 첨가량을 각각 다르게 한 여러 가지 시료에 대하여 채점 검사법scoring test을 실시하고 그 결과에 대해 분산분석법으로 유의성을 검사한다.

각 시료의 맛을 보고 다음 중 가장 잘 표현된 말에 해당 code를 쓰시오.

육수의 조제

1) 감자, 당근, 양파, 쇠고기를 썰어서 물을 붓고 소금, 후추로 적당하게 간을 맞추어 1시간 정도 끓인다.
2) 여기에서 얻은 국물을 냄비 5개에 똑같이 나누어 붓고 MSG를 각각 0g(A), 1g(B), 2g(C), 3g(D), 4g(E)씩 첨가하여 다시 30분 정도 끓여 재료를 모두 익힌 다음 기호를 표시하여 놓은 그릇에 담는다.
3) 검사원들로 하여금 맛을 보게 한 후 질문지에 답하게 한다.

실험 표 1-3 풍미 증진제 사용에 따른 국물 맛의 변화에 관한 관능검사

구분 \ 시료	210	901	419	776	445
가장 좋다					
대단히 좋다					
약간 좋다					
보통이다					
약간 나쁘다					
대단히 나쁘다					
실제 풍미증진제 사용량 및 결과					

과제

1 우리가 가장 순응하기 좋은 4원미 및 풍미증진제의 농도를 알아보도록 하자. 이때 국, 찜, 나물, 음료 등으로 그 조리법에 따른 음식의 분류를 하여 농도를 조사하도록 하자.

2 soup, stock, stew, roast beef 등의 여러 서양조리를 할 때 전처리 과정이나 조리과정에 들어가는 4원미의 재료가 되는 대체식품에는 어떤 것들이 있는지 알아보고, 각각의 농도는 어떠한지 실제의 recipe들을 찾아 그 농도의 범위를 알아서 비교 분석해 보자.

실험 2

Flavor/Color testing과 관능검사

목적 식품의 색과 향은 사람의 감각에 의해 느껴지는 요소로서 좋은 색과 향은 식욕을 돋운다. 생식품이나 가공식품을 막론하고 그것이 갖는 색깔이나 향은 식품의 가치에 큰 영향을 준다. 또한 식품의 신선도를 결정짓는 요소가 되기도 한다. 색과 향의 조화에 따라 식품의 기호도가 어떻게 달라지는지 알아보도록 하자.

준비물 식용색소(식용색소 적색 3호, 청색 1호, 황색 4호, 커피가루), 사과주스, 오렌지주스, 포도주스, 바닐라에센스, 판 젤라틴, 설탕, 접시, 스포이트, 비커, 실리콘 몰드

실험 2-1 Gelatine dessert 조제에 따른 색과 향의 조화에 관한 실험

식품의 색과 향은 식욕을 향상시키기 위해 가공 또는 조리과정에 첨가되나 이는 조리, 저장환경에 따라 변화되기도 한다. 적당한 착색과 색의 조화, 향의 첨가량 등에 신경을 써야 한다. 여러 가지 색소와 향료를 사용하여 Gelatine dessert를 만든 후, 관능검사에 의해 판단되는 두 요인의 상호 관련성을 살펴본다.

1) 차가운 물에 젤라틴 5장을 넣고 15분 정도 담가 둔다(말랑말랑해질 때까지).
2) 냄비에 각각의 주스를 200mL씩 넣는다.
3) 설탕 1Ts를 넣고 설탕이 녹을 정도로만 끓여 준다.
4) 물에 불린 젤라틴을 건져서 각각의 주스 냄비에 넣어 준다.
5) 젤라틴이 다 녹으면 바닐라 에센스를 2방울 넣고 잘 저은 후 식힌다.
6) 5)를 실리콘 몰드에 붓고 냉장고에서 응고시킨다.
7) 맛, 색과 향에 따른 전반적인 기호도를 평가한다.

실험 표 2-1 Gelatine dessert 조제에 따른 색과 향의 조화 비교

Code No.	주스	향료	맛 평가 및 고찰(조화, 기대되는 맛)
493	사과주스	바닐라 에센스	
189	오렌스주스		
336	포도주스		
901	커피		

평가는 numerical scale을 이용하고(색깔과 향미의 조화에 대해 7점 척도로 표시), 고찰은 색깔과 향미의 조화 및 기대되는 맛에 관한 관능검사 결과에 대해 서술하라.

실험 2-2 기호조사 방법을 통한 gelatine dessert의 상품성에 관한 실험

1) Affective test

식품산업에서 판매의 목적으로 생산, 유통된 식품은 소비자에 의해 선택, 소비되지 않으면 가치가 없게 된다. 어떤 제품에 대해 소비자가 얼마나 좋아하는지의 반응을 조사하는 것이 Affective test(기호조사)이다.

1) 차가운 물에 젤라틴 5장을 넣고 15분 정도 담가 둔다(말랑말랑해질 때까지).
2) 냄비에 각각의 주스를 200 mL씩 넣는다.
3) 설탕 1Ts을 넣고 설탕이 녹을 정도로만 끓여 준다.
4) 물에 불린 젤라틴을 건져서 각각의 주스 냄비에 넣어 준다.
5) 젤라틴이 다 녹으면 각 색소를 넣고 잘 저은 후 식힌다.
6) 5)를 실리콘 몰드에 붓고 냉장고에서 응고시킨다.
7) 색과 풍미에 대해 종합적으로 평가한다.

실험 표 2-2 색과 향의 조화에 따른 gelatine dessert의 기호조사

시료 기호	색소	향	gelatine dessert의 상품성 및 구매의사
389	적	포도주스	
213	청	오렌지주스	
840	황	커피액	
100	커피	사과주스	

2) Food action scale test

제시된 시료 품목에 대한 가장 적합한 태도를 아래 표시된 5단계 기호도 그림척도를 참고로 하여 그림표의 척도번호(채점) 해당란에 check하시오.

① 기회만 있으면 언제나 먹겠다. ② 종종 먹겠다. ③ 거저 생기면 먹겠다. ④ 먹는 일이 드물다. ⑤ 할 수 없이 먹겠다.

실험 그림 2-1 Food Action Scale Test

과제

1 풍미flavor의 정의를 내려 보고 식품이 갖는 풍미의 중요성에 관해 논하라.

2 식품의 기호도를 알아보는 관능검사법에 대해 조사하고 어떤 식품에 이런 방법론을 적용하는지 알아보도록 하자.

3 식품이 갖는 고유의 색과 향미의 관계가 음식의 순응도와 어떤 관계가 있는지 각각의 고유색을 갖는 식품과 연관 지어 알아보도록 하자.

4 접시배열plate arrangement을 할 때 색과 모양의 배열이 식욕과 관계가 있는지 컬러 화보를 통해 비교 분석해 보자.

냄새와 관련된 용어

1) off-flavor : 풍미가 손상되거나 이취가 혼합 발생하여 식품 고유의 향기가 없어지는 것으로 농약을 많이 쓴 과실의 가열처리가 과도하였을 때나 식품첨가물을 사용하였을 때 포장 재료에서 이취가 혼입되었을 때에 off-flavor가 항상 문제가 된다.

2) 냄새의 mask : 좋지 못한 냄새가 있을 때 이보다 더 강한 향물질을 첨가하여 불쾌한 냄새를 덮어 버리는 것을 냄새의 마스크라고 한다. 생선요리에 생강이나 고추, 마늘 같은 향신료를 첨가하는 것은 생선의 비린 냄새를 마스크하는 작용이라고 할 수 있다.

실험 3

채소류의 색소와 조리에 따른 변화

목적 음식의 색깔은 식욕과 미각에 큰 영향을 미친다. 식품의 색은 조리과정 중에 가능한 천연의 색을 보존하고 조리과정에서 일어나는 변화를 막으며 가열조리에서 좋은 색을 내도록 해야 한다.

채소에 함유된 색소는 클로로필, 카로티노이드계, 안토시아닌, 플라보노이드계 색소로서 이들 채소의 색이 산, 알칼리, 중성에서 조리 후 변화하는 상태와 색깔을 비교한다.

준비물 식품(시금치, 당근, 자색 양배추, 양파), 소금, 식초, 중조

계량컵, 계량스푼, 비커, 믹서, pH meter, pH paper

실험 3-1 채소류의 갈변에 관한 실험

1) 재료의 껍질을 다듬어 씻어서 양파와 당근, 양배추는 굵게 채 썰고, 시금치는 4cm 길이로 썬다. 각각의 재료를 100g씩 6등분한다.
2) 5개의 시료는 pH를 알고 있는 준비된 각각의 조리수에 30분간 담가 두고, 1개는 공기 중에 30분간 방치한다.
3) 2)의 시료들을 믹서에 갈고 각각 채소 용액을 10mL씩 취하여 흰 접시에 담은 후 5, 10, 20, 30분 단위로 색의 변화를 관찰한다.

실험 표 3-1 조리수의 pH가 채소 및 과일의 갈변화에 미치는 영향

조리수		수도물	2Ts 소금/2C 물	1/5ts 식초/2C 물	2Ts 식초/2C 물	1Ts 중조/2C 물	그대로 방치
채소/min	pH						
시금치	5						
	10						
	20						
	30						
당근	5						
	10						
	20						
	30						
자색 양배추	5						
	10						
	20						
	30						
양파	5						
	10						
	20						
	30						

실험 3-2 조리 환경에 따른 채소의 색소 변화에 관한 실험

채소를 조리할 때 chlorophyll, carotene, flavonoid, anthocyanin의 색소들이 조리수의 pH 차이와 금속의 존재하에서 어떻게 변화하는지 관찰한다.

1) 당근, 양파, 자색 양배추는 채 썰고, 시금치는 4cm 길이로 적당히 썬다.
2) 종류별로 채소 50g씩을 250mL의 비커 5개에 나누어 넣고 끓는 물을 200mL씩 부은 후, 다음의 조건대로 첨가물을 넣어 조리수 용액의 조건을 달리하여 10분간 뚜껑 없이 약한 불에서 서서히 가열한다.
   시금치는 2분, 당근과 양파는 5~7분, 자색 양배추는 3분을 가열한다.
   ① 첨가물 없음control sample : pH 7.4
   ② 소금 1g
   ③ 식초 2mL : pH 4.0
   ④ 중조[$NaHCO_3$] 2.5g : pH 8.5
   ⑤ 철용액ferrous sulphate[5% $Fe_2(SO_4)_3$] : 2mL
3) 투명한 유리그릇에 생채소와 조건대로 데쳐낸 채소를 담고, 색 변화와 질감을 비교한다. 가열한 다음, 채소의 색과 조직, 액의 색 등을 관찰한다. 단, 시금치는 뚜껑을 덮은 상태에서 가열한 경우와 비교 관찰해 보자.

실험 표 3-2 가열 조리 액의 변화에 따른 채소의 색, 조직 질감, 침출액의 색 관찰

채소별 조리 후 변화 \ 조리액 조건		control (중성)	식초 첨가 (산성)	중조 첨가 (알칼리성)	소금 첨가	철 첨가
시금치	채소의 색					
	조직 질감					
	액의 색					
당근	채소의 색					
	조직 질감					
	액의 색					

채소별 조리 후 변화 \ 조리액 조건		control (중성)	식초 첨가 (산성)	중조 첨가 (알칼리성)	소금 첨가	철 첨가
양파	채소의 색					
	조직 질감					
	액의 색					
자색 양배추	채소의 색					
	조직 질감					
	액의 색					

과제

1 각 채소의 색이 가장 아름답게 유지된 것은 어느 것인가? 그 이유는 무엇이라고 생각하는가?

2 색과 질감이 가장 적당하게 데쳐진 것은 어느 것인가?

3 채소의 색감과 질감 그리고 조리와의 관계를 이론적으로 정리해 보고, 이들을 중요시해야 하는 채소의 종류를 예를 들어 recipe를 가지고 분석해 보라.

4 과일이나 채소의 색감을 살리기 위한 조건을 들어보라.

5 녹색채소를 지나치게 오래 가열하면 색깔에 어떤 변화가 나타나며, 채소를 너무 오래 가열하면 안 되는 이유는 무엇인가?

실험 4 가열시간에 따른 쇠고기 수프의 조리효과

목적 육류의 조리에서 단단한 육질을 부드럽게 하는 방법으로는 장시간 익혀 결합조직을 연하게 하는 방법, 기계적으로 근육조직을 파괴하여 다진육이나 채썰기를 하여 이용하는 방법, 연육소를 사용하는 방법 등이 있다.

결합조직섬유가 조리가열에 의하여 용해되어 근육섬유의 하나하나가 또는 섬유다발이 쉽게 풀어지면 먹었을 때 연하다고 느끼게 된다.

질긴 육질의 사태육을 이용하여 수프를 만들 때 가열시간에 따라서 국물 맛이나 고기의 탄성이 어떻게 변하는가를 관찰한다.

준비물 쇠고기(사태살) 200g, 소금, 간장

일반 조리기구, 시험관 5개, 온도계 1개

실험 4 쇠고기 사태육을 이용한 수프 제조의 최적조건 실험

육류의 결합조직인 사태를 습열 조리하여 맛있는 수프를 만들 수 있는 최적조건을 찾아보도록 하자.

1) 사태 200g을 정육면체(2×2×2cm)로 6등분하여 썰고 속이 깊은 냄비에 1.2L의 물을 넣고 불 위에 올려놓는다.
   고기는 1조각만 남기고 나머지 5개는 냄비에 넣어 중간 불로 끓이도록 하며, 90~95℃로 물의 온도를 유지하도록 뚜껑은 약간 열어 놓는다.
2) 시간이 되면 15분 간격으로 120분까지 각각의 고기 5개를 꺼내고 국물은 50cc씩 취한다. 그중 10mL는 시험관에 넣는다.
3) 시험관의 국물은 색의 탁도와 맛을 비교하고, 고기는 탄력성, 맛, 근육섬유의 풀린 정도 등을 비교한다.
   이때 국물의 맛을 비교할 때는 적당한 염미를 가하여 시식한다.

실험 표 4-1 가열시간에 따른 수프의 변화

조사방법 \ 시료 및 가열시간		생육	가열시간(분)				
			15	30	60	90	120
국물	색의 탁도						
	맛						
고기의 탄력성							
근육섬유의 풀리기 쉬운 정도							
고기의 맛							

각 사항의 순서는 좋은 것을 1번으로 하여 순위법을 이용한다.

과제

1 고기단백질의 연화를 위해 할 수 있는 조건들은 무엇인지 알아보자. 이때 실제 조리에서 부재료의 첨가에서 얻을 수 있는 효과들은 어떤 것인지 알아보자.

2 채소수프를 끓일 때 넣는 채소와 토마토주스, 토마토퓨레, 토마토케이크의 역할은 어떤 것인지 연육효과와 함께 생각하여 보자.

제3장

계량

1. 계량기구의 중량과 용량 측정

계량은 조리에 있어서 가장 기본적인 단계로 계량에 의해 음식의 맛, 영양가가 달라진다. 식품의 낭비 없이 알맞은 양으로 맛있게 조리하려면 재료의 양을 정확히 계량하고 배합이 잘되어야 한다. 따라서 계량기구의 올바른 사용법과 여러 가지 식품의 정확한 계량방법을 익혀야 한다.

2. 목측량과 실측량

식품이 갖는 중량이나 부피를 눈으로 어림짐작을 해서 관측하는 방법으로 오랜 시간 경험에 의해 비교적 근접한 수치를 읽어낼 수 있다. 그러나 실제 식품이 갖고 있는 중량 부피는 식품의 비중, 조직감, 식품의 특성에 따라 달라질 수 있으므로 정확한 계량이 필요하다.

3. 용량 측정

식품의 부피를 재는 기구로는 계량스푼과 계량컵, 메스실린더, 피펫, 메스플라스크 등이 있다. 미국 등 서구에서는 한 컵을 240mL로 하고 우리나라의 경우에는 200mL를 사용하고 있다. 국제적인 약속에 의하면 미터법을 근거로 하는 미터, 그램, 섭씨를 사용하기로 되어 있으나, 오랜 습관에 의한 계량단위는 각 나라별로 약간씩 다른 단위와 용량을 가지고 있다.

한국음식에서 사용하는 계량단위	서양음식에서 사용하는 계량단위
• 1티스푼(ts, tea spoon) = 5mL • 1테이블스푼(Ts, Table spoon) = 15mL • 1Ts = 3ts • 1컵(C, cup) = 200mL = 13⅓Ts • 1홉 =180mL • 1되 = 1.8L • 1말 = 18L • 1관 = 3,750g • 1돈 = 1/1000관 = 3.75g • 1근 = 600g(육류) 375g(채소, 과일)	• 1Ts = 3ts = 15mL • 1온스(oz, ounce) = 2Ts= 30mL • 1컵 = 16Ts = 1/4쿼트(qt, quart)= 240mL • 1파인트(pt, pint) = 2컵 = 0.47L (영국에서는 1pt = 0.57L) • 1갤런(gal, gallon) = 16컵 = 3.8L • 1파운드(lb, pound) = 16온스 = 445g

4. 중량 측정

식품의 중량은 조리용 저울을 사용하여 측정하며, 저울은 크게 두 가지로 사용하고 있다.

즉 디지털 저울과 아날로그 형태로서, 디지털은 중량측정 범위가 아주 세밀하고 적은 단위에 어울리고 (200g 내외), 아날로그 저울은 중량단위가 크고(100g~20kg) 부피가 큰 식품의 무게 측정에 주로 사용한다.

5. 온도 측정

식품, 조리에서의 온도는 섭씨℃, celcius와 화씨℉, farenheit로 표현되는 두 가지 방식을 주로 이용한다.

6. 액체 계량법

우리나라 공업진흥청(1975년 12월)에서는 미터meter법을 적용하여 1C을 물 200mL 용량에 해당하는 것으로 정하였다.

물은 유리 벽면을 따라 올라오는 모세관 현상이 있다. 그러나 액체의 부피를 측정할 때는 액체의 하단면meniscus을 읽으며, 표면장력에 의해 솟아오를 때는 솟아나온 면을 읽어준다.

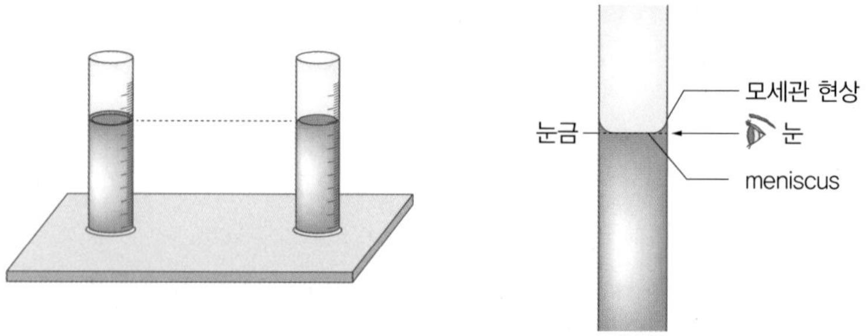

그림 3-1 메스실린더를 이용한 액면의 눈금 읽기

> meniscus
>
> 초승달 모양의, '원통 속의 액체 표면의 오목한(볼록한) 면'의 의미로 모세관 현상에 의해 원통관 속의 액면이 이루는 곡면을 말한다. 액체의 성질에 따라 액면이 오목하거나 볼록해진다.
>
> 유리와 물처럼 액체가 관벽에 강하게 부착되면 액면이 오목해지고, 수은처럼 관벽을 적시지 않을 때에는 액면이 볼록해진다(출처: wikipedia).
>
> 물은 극성물질로 응집성이 강해 곡률(curvature) 형성이 기름 같은 비극성 물질에 비해 크다.

7. 계량하기 어려운 식품의 계량법

1) 채종법

밀가루 반죽, 부풀어 오른 빵, 스낵류의 과자, 찐빵, 떡 등과 같이 조직이 불균형하거나 흡수율이 커서 물에 적실 수 없는 식품은 종실을 사용하는 채종법seed displacement test을 사용한다. 이 방법을 이용할 때 빵이나 떡, 끈적한 반죽 등은 가장자리에 종실이 묻기 쉬우므로 밀가루를 바른다. 또 메스실린더에 종실을 넣을 때는 메스실린더를 흔들지 말고 일정한 높이에서 떨어뜨려 넣도록 한다.

- 측정방법 : 일정한 크기의 그릇에 종실을 가득 담고 여분의 종실은 치운다.
  그 후 그릇 속의 종실을 반쯤 덜어낸 후 찐빵 등을 넣고 그 위에 덜어낸 종실을 다시 가득 채우고, 윗면이 수평이 되도록 깎는다. 이때 남은 종실을 메스실린더에 넣고 눈금을 읽으면 찐빵의 부피를 알 수 있다.

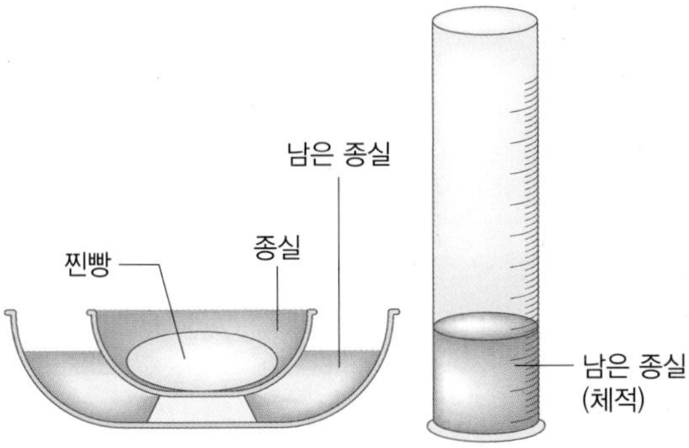

그림 3-2 **채종법을 이용한 찐빵의 부피 측정**

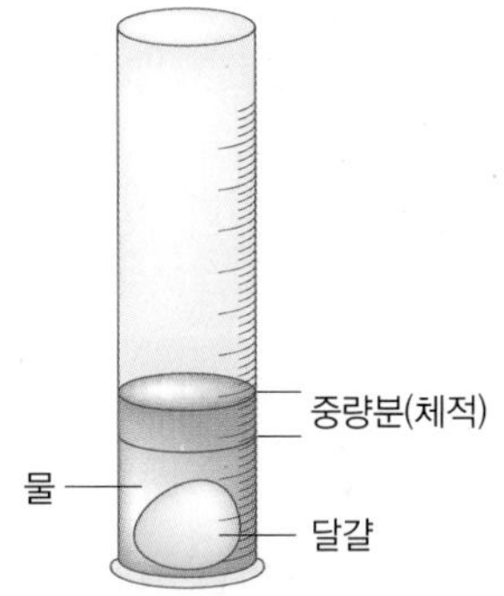

그림 3-3 **침강법에 의한 달걀의 부피 측정**

2) 침강법

침강법Drop in water test은 조직이 치밀한 무, 감자, 당근, 달걀 등 부피가 일률적이지 않으나 물에 넣었을 때 부피 변화가 없는 식품의 부피를 측정 시 사용한다.

식품을 실린더에 넣고 물을 부어 일정 수치를 맞춘 후, 물에서 식품을 조심스럽게 건져내고 눈금을 읽은 후 처음의 수치에서 빼면 식품의 부피를 알 수 있다.

달걀과 같이 내부 용량이 부피를 다 차지하는 경우 달걀을 깨서 메스실린더에 담고 부피를 측정해 본다.

감자, 당근이 너무 크면 몇 개의 큰 조각(원형, 1/2등분, 1/3등분)으로 나눈다.

실험 5

계량도구 및 기구의 정확성 조사

목적 조리할 때 사용하는 계량컵과 계량스푼의 부피와 중량의 상관성을 이해하고, 다양한 식품의 용량과 중량을 측정하여 그 측정치를 표준치와 비교해 봄으로써 도구의 정확한 사용에 대한 필요성을 이해하여 정확한 계량기술을 익힌다.

준비물 계량컵, 계량스푼(메탈/플라스틱) set형/분리형, 메스실린더, 저울, 피펫, 키친타월, 삼각깔때기

1C = 200mL
1Ts = 15mL
1ts = 5mL

실험 5-1 표준계량용기의 정확성 실험

1) 피펫을 이용하여 아래의 계량용기 및 기기들의 정확한 부피를 측정해 보자.

실험 표 5-1 여러 계량 용기들의 부피 및 정확성

단위	부피(mL)	단위	부피(mL)
1Ts		1C	
1/2Ts		1/2C	
1ts		1/3C	
1/2ts		1/4C	

실험 5-2 표준용기의 정확성 실험

1) 1C의 물(200mL)을 1Ts씩 취해서 메스실린더에 담아 보라. 몇 번의 동작에서 200mL가 되는지 확인하라.

2) 1C의 물(200mL)을 100mL 메스실린더에 옮겨 담은 후 정확한지 확인하라.

3) 3ts을 1Ts에 계량해 보고 정확한지에 대해 확인하라.

실험 표 5-2 여러 계량용기들의 실측치와 이론치

실험내용	이론치(회)	실측치(회)
1Ts(15mL)을 이용하여 200mL 메스실린더를 채우려면	13 ⅓회	
1C(200mL)의 물을 100mL 메스실린더에 옮겨 담을 때	2회	
1ts을 이용하여 1Ts의 용기에 채워 넣으려면	3회	

가정용 계량기의 정확성

시판되는 가정용 계량기는 표준도량형 기법에 의하여 제작된 것이 아니므로 각 계량용기에 따른 오차가 심할 수 있어 결과적으로 표준레시피에 의해 조리된 음식이 일률적으로 똑같은 맛을 유지할 수 없게 된다. 계량기의 정확성을 위하여 자기가 항상 사용하고 있는 것을 graduated cylinder를 사용하여 점검할 필요가 있다.

또한 할편 컵도 점검하여 1/2컵으로 두 번 측정한 것이 정확하게 한 컵이 되는지 확인 측정하여 자기 나름대로의 표준을 세워 놓는 것도 바람직하다.

과제

일상생활에서 흔히 이용되는 액상식품은 물과 다른 중량을 가진다. 특히 액상식품의 계량은 특별한 주의를 요한다. 아래의 식품을 계량해 보고 평상시 조리시에 응용하도록 하자.

1) 간장

2) 우유

3) 참기름

4) 꿀

5) 식초

6) 물엿

실험 6

계량방법에 따른 중량의 차이 실험

목적 계량기구를 이용하여 상태가 다른 여러 가지 식품들을 정확하게 계량하는 방법과 각각의 식품에 따른 계량기술을 익히고, 여러 식품의 목측량을 알아보자.

준비물 밀가루, 분유, 백설탕, 마가린, 기름, 흑설탕, 베이킹파우더, 중조
계량컵, 스파튤라, 체

실험 6-1 식품의 계량방법 차이에 따른 중량 차이 비교실험

다음 방법으로 밀가루 1C의 무게를 3회 반복하여 측정한다. 반복 측정할 때 이미 체에 쳤던 밀가루를 다시 체에 치지 않도록 한다.

실험 표 6-1 계량방법을 달리한 밀가루 1C의 무게

	1회	2회	3회	합계	평균
방법 1 체에 치지 않은 상태의 밀가루를 계량컵에 수북이 눌러 담고 윗부분은 깎아 낸 후 무게를 잰다.					
방법 2 체에 치지 않은 상태의 밀가루를 계량컵에 스푼으로 떠서 담은 후 윗부분은 깎아 낸 후 무게를 잰다.					
방법 3 밀가루를 체에 한번 친 다음 스푼으로 계량컵에 가볍게 퍼 담는다. 컵을 흔들지 말고 윗부분을 깎아 낸 후 무게를 잰다.					

실험 6-2 계량방법에 따른 식품의 중량 비교

우리 일상생활에서 쉽게 접할 수 있는 식품들 중 특히 계량방법에 따라 중량 차이를 보이는 식품들의 1컵과 1큰술의 양을 알아보도록 하자.

이때 정확한 계량법은 어떻게 하는 것인지 서로 비교해 보도록 하자.

실험 6-3 자주 사용되는 식품의 목측량과 실측량

요리책이나 레시피를 보며 조리를 할 경우 때로는 필요한 재료의 실제 중량을 가늠하기 어려운 경우가 많다.

즉 손대중, 눈대중도 중요한 계량법의 하나이므로 이러한 기술을 익히도록 한다.

일상생활에서 쉽게 접하는 식재료의 상태를 서로 상대적으로 비교하여 목측량에 따른 실측량을 알아보도록 하자.

> 채소 썰기와 이름
>
> 채소는 써는 방법이나 모양에 따라 1컵이나 1큰술의 양이 달라질 수 있다. 즉 조리를 하기 위해 레시피를 보면 여러 가지 형태로 채소 썰기를 표현한 것을 볼 수 있다. 즉 채소 썰기의 이름을 그대로 레시피에 표현하므로 익혀두도록 한다.

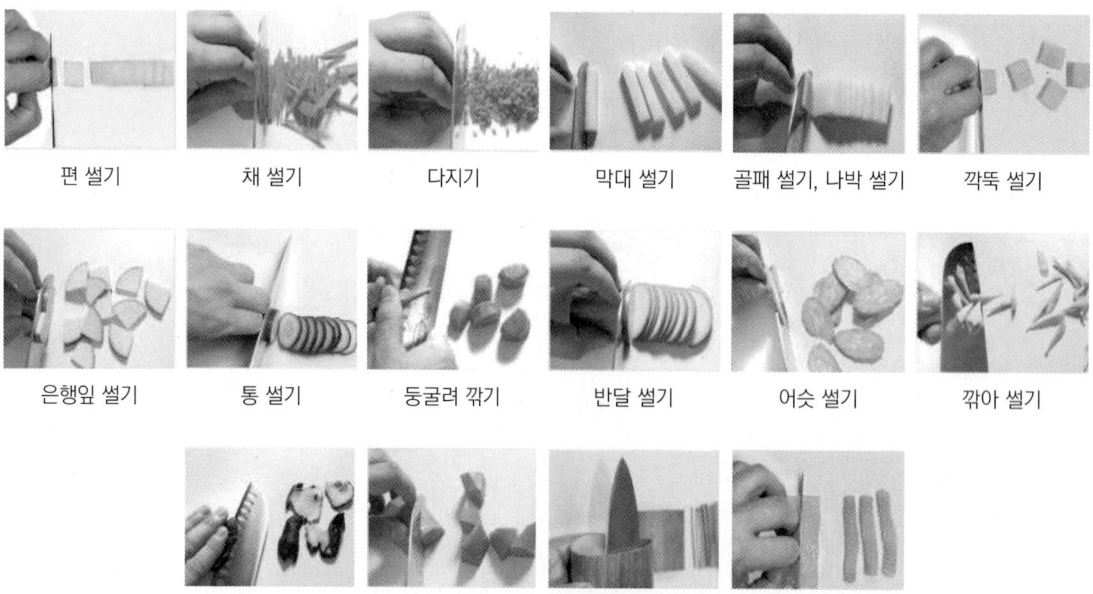

실험 그림 6-1 **채소 썰기와 모양**

실험 표 6-2 여러 가지 식품의 1컵 또는 1큰술/1작은술의 중량(g)

식품	실험횟수	1회(g)	2회(g)	3회(g)	4회(g)	5회(g)	합계(g)	기대치(g)
중력분	1컵							
	1큰술							
분유	1컵							
	1큰술							
백설탕	1컵							
	1큰술							
마가린	1컵							
	1큰술							
기름	1컵							
	1큰술							
흑설탕	1컵							
	1큰술							
베이킹파우더	1큰술							
	1작은술							
중조	1큰술							
	1작은술							

기대치는 중량을 측정하기 전에 눈으로 보아 짐작한 양(목측량)을 말한다.

실험 표 6-3 자주 사용되는 식품의 목측량과 실측량

식품	목측량	실측량(g)	식품	목측량	실측량(g)
쇠고기, 썰거나 간 것	1컵	140	셀러리, 생것	1컵	120
햄, 썰거나 간 것	1컵		풋고추	1컵	
굴	1컵	235	배추김치	1컵	250
달걀	1개		열무김치	1컵	
두부	1모	250	쌀	3/4컵(1홉)	150
된장	1큰술		보리	3/4컵(1홉)	
우유(소)	1곽	200	찹쌀	3/4컵(1홉)	150
치즈	1쪽		조	3/4컵(1홉)	
멸치	1컵	80	현미	3/4컵(1홉)	130
사과	1개		밀가루	1컵	
오렌지	1개	200	식빵	1쪽	30
귤	1개		쌀밥	1컵	
바나나	1개	130	국수	1컵	93
건포도	1컵		국수, 익힌 것	1컵	
시금치, 익힌 것	1컵	150	스파게티	1컵	95
양배추, 썬 것	1컵		스파게티, 익힌 것	1컵	
양배추, 익힌 것	1컵	145	식용유	1컵	210
당근, 생 것	1컵		설탕	1컵	
당근, 익힌 것	1컵	160	꿀	1컵	332
양파(중)	1개		물엿	1컵	
양파, 다진 것	1컵	135	마요네즈	1컵	243
양송이	1개		마요네즈	1큰술	
오이	1개	150	버터	1컵	244
감자(대)	1개		버터	1큰술	

과제

다음 식품들을 계량 시 어떤 방법을 이용하여 계량하는지 그 기술을 익혀 보도록 하자(그림으로 그리거나 확인하여 보라).

1) 밀가루

2) 분유

3) 백설탕 / 황설탕 / 흑설탕

4) 마가린

5) 기름 / 우유

6) 베이킹파우더 / 중조(계량에 사용된 베이킹파우더는 공기 중의 수분을 흡수하여 능력을 잃게 되므로 즉시 사용하는 것이 좋다. 그렇지 못하면 버리도록 한다.)

실험 7

계량하기 어려운 식품의 중량/부피 측정

목적 식품은 공산품이 아니므로 식재료로 사용하기 위해 전처리를 하는 과정에서 썰거나 다지는 등 다양한 형태로 변형하는데, 이때 레시피를 정확히 이용하기 위해 식재료를 원하는 형태로 변형하여 계량을 해야 할 경우가 많다. 형태를 유지하면서 단순히 저울을 이용하여 측정할 수 없는 재료의 측정방법에 대해 알아보기로 하자.

준비물 종실(좁쌀, 콩, 쌀, 팥 등), 또는 작은 유리구슬, 튀밥, hard ball, 바게트, 떡, 감자, 당근, 달걀, 찐빵(각각 모양과 크기가 다른 것으로)

1L 또는 1/2L 용량의 투명한 비커, 메스실린더

실험 7 채종법, 침강법을 이용한 식품의 부피, 중량 측정 실험

조리를 하는 과정에서 식재료의 모양이나 상태를 변형하지 않고 그대로 이용해야 하는 경우 그들의 부피를 재는 방법으로 다음 방법을 사용해 보자.

실험 표 7-1 원형과 등분하여 측정하여 본 각 식품의 부피

항목 횟수 / 식품	부피(mL)					무게(g)
	1회	2회	3회	합계	평균	
감자 : 원형 1/2등분 1/3등분						
당근 : 원형 1/2등분 1/3등분						
달걀 : 껍질째 내용물만						

식품 \ 항목 횟수	부피(mL)					무게(g)
	1회	2회	3회	합계	평균	
찐빵						
떡						

과제

1 stuffed hard ball과 같이 내부 용적을 이용하여 음식을 만들 때 어떻게 그 부피를 계산하는지 알아보자.

2 무, 감자, 당근 등을 여러 모양으로 썰어 본 후 그 부피를 침강법에 의해 측정해 보자.

제4장

물과 조리

수분은 식품의 주요 구성성분으로 여러 가지 형태로 조리에 관여한다. 과일, 채소, 육류 등의 세포 내 또는 세포 외에서 액체 상태로 존재하고 버터나 마가린에서는 분산상으로 존재한다.

식품 내의 수분함량은 식품의 성질, 외관, 관능적 품질 등에 크게 영향을 준다. 모든 동·식물성 식품에는 수분이 함유되어 있으며, 함량의 차이가 있다. 수분은 식품의 질감 형성에 중요한 역할을 하지만 화학적, 미생물학적 변질과 부패의 원인이 되기도 하므로 물의 성질이나 작용을 이해하는 것이 중요하다.

1. 유리수와 결합수

식품 속에 존재하는 물은 자유롭게 운동할 수 있는 물인 유리수와 식품 성분에 결합한 결합수로 구분할 수 있다.

유리수는 자유수라고도 하며 식품을 건조시키면 쉽게 제거되고, 0℃ 이하에서 어는 보통 형태의 물로 식품 중에서 여러 성분들의 용매로 작용한다. 그러나 결합수는 식품 중의 구성성분과 강력하게 흡착되어 있거나 수소결합에 의해 밀접하게 결합하고 있어 보통의 방법으로는 쉽게 제거되지 않는다. 100℃ 이상 가열하여도 제거되지 않고, 0℃ 이하에서도 잘 얼지 않으며, 용매로 작용하지 않고, 미생물의 번식에 이용되지 못한다.

건조식품에서 수분은 강하게 흡착된 결합수 형태로 존재한다.

2. 물의 경도

물은 무기염의 함량에 따라 경수와 연수로 구분된다. 경수는 칼슘염과 마그네슘염 등이 비교적 많이 들어있는 물로 일시적 경수와 영구적 경수가 있다. 일시적 경수는 칼슘이온과 마그네슘이온이 주로 탄산염〔$Ca(HCO_3)_2$, $Mg(HCO_3)_2$〕 형태로 들어 있어 가열하면 칼슘이나 마그네슘 이온이 앙금($CaCO_3$, $MgCO_3$)이 되어 침전하여 연수로 변한다. 반면 영구적 경수는 탄산염이 아닌 염화물($CaCl_2$, $MgCl_2$)이나 황산염($CaSO_4$, $MgSO_4$) 형태로 존재하여 가열해도 칼슘이나 마그네슘 이온은 침전하지 않는다.

연수는 무기염이 거의 함유되어 있지 않은 물이며, 경수에 함유된 무기염은 조리에 영향을 준다. 경수로 차를 끓이면 경수의 무기염과 차의 탄닌이 반응하여 차를 혼탁하게 하고, 경수에 마른 콩을 넣어 가열하면 칼슘이 콩의 수분 흡수와 연화를 방해하여 쉽게 물러지지 않는다.

3. 물의 온도

물의 온도는 사람이 느끼는 다양한 온도대를 갖고 있다.

물이 어는 온도는 0℃와 상온에서의 물의 온도인 12℃, 사람의 체온과 같은 36.5℃ 그리고 따뜻하다고 느끼는 38℃ 그리고 뜨겁다고 느끼는 40℃와 가볍게 끓어오르는 85℃, 끓어올라 기화되기 시작하는 100℃의 온도 등 다양한 온도의 물이 있다. 한편 100℃의 온도가 유지되는 숙수熟水 상태의 물도 있다. 이같이 다양한 물의 온도는 조리에 많은 영향을 미치며 조리를 하는 데 중요한 역할을 한다.

실험 8

침수시간에 따른 건조식품의 흡수율

목적 식품이 조리과정에서 일어나는 흡수와 이에 의한 변화량을 알아야 정확한 구매와 조리가 이루어진다. 조리 시 식재료로 건조식품이 많이 쓰이는데, 이때 건조식품이 수침에 의해 흡수되는 정도에 따라 그 양이 결정되기도 한다. 조리 시 온수와 냉수의 차이, 침수시간의 차이는 흡수율에 차이를 가져올 수 있는 요소로서 조리시간의 결정에도 중요한 자료가 된다. 조리 시 물의 역할과 식품의 변화 간의 상관성에 대해 알아보기로 한다.

준비물 콩 100개(20개, 5조건), 팥 100개(20개, 5조건), 마른 미역 25g(5g, 5조건),
마른 표고 15장(3장, 5조건), 당면 25g(5g, 5조건)
비커, 온도계, 저울, 소쿠리, 마른 행주, 일반 조리기구, 타이머

실험 8 건조식품의 침수시간 경과에 따른 흡수속도와 흡수율 비교 실험

1) 콩은 20개씩 골라 중량을 측정한 후, 5개의 비커에 각각 넣고 충분한 양의 물에 담근다(이때 수온을 재서 기록한다).
10분, 20분, 30분, 60분, 90분 후에 각각의 비커 속의 콩을 꺼내서 마른 행주로 물기를 닦은 후 중량을 측정하여 흡수 후의 중량비와 흡수율을 계산한다.

$$\text{흡수 후의 중량비} = \frac{\text{침수 후의 중량}}{\text{침수 전의 중량}}$$

$$\text{흡수율(\%)} = \frac{\text{침수 후 중량} - \text{침수 전 중량}}{\text{침수 전 중량}} \times 100$$

2) 팥도 같은 방법으로 흡수율을 계산한다.
3) 마른 미역과 당면은 각각 5g 정도, 표고는 3장의 중량을 정확히 측정한 후, 비커에 각각 넣고 충분한 양의 물(200g)에 담근다.

5분, 10분, 20분, 30분 후 각각의 비커 속에 들어 있는 미역이나 당면, 표고가 나오지 않도록 조심하면서 비커 속에 남은 물을 각각 따라내어 중량을 측정한다.

그 후 다음과 같은 방법으로 미역, 당면, 표고의 흡수량과 흡수율을 계산한다.

$$흡수량(g) = 처음\ 첨가한\ 물의\ 양 - 비커\ 속에\ 남아있는\ 물의\ 양$$

$$흡수율(\%) = \frac{흡수량}{침수\ 전\ 중량} \times 100$$

실험 표 8-1 침수시간에 따른 건조식품의 흡수율

식품	침수 후의 중량 변화와 흡수율	침수시간(분)				
		10	20	30	60	90
콩	침수 전 중량(g)					
	침수 후 중량(g)					
	흡수율(%)					
	흡수 후 중량비					
팥	침수 전 중량(g)					
	침수 후 중량(g)					
	흡수율(%)					
	흡수 후 중량비					

실험 표 8-2 침수시간에 따른 건조식품의 흡수율

식품	흡수전 중량(g)	흡수량(흡수율)	침수시간(분)				흡수 후 중량(g)	흡수 후의 중량비
			5	10	20	30		
미역								
당면								
표고								

과제

1 우리 주변에서 흔히 발견할 수 있는 건조식품의 흡수율은 얼마인지 아는 데로 찾아보자(쌀, 보리, 건고사리, 건무말랭이, 취나물 등).

2 식품의 저장방법 중 하나인 건조법의 장점을 알아보자.

실험 9 식염 농도에 따른 채소의 방수량과 Texture

목적 채소나 과일과 같이 수분함량이 높은 식품은 조리 시 식염을 첨가하면 삼투압에 의해 물이 빠지고 간이 배어들게 된다. 적량의 식염 첨가는 맛과 질감 개선에 필요하나, 적량이 아닌 식염 첨가는 음식의 관능적 특성에 큰 영향을 준다.

식염 농도와 시간 경과에 따른 채소의 방수량을 측정하고, 즉석 절임에 적당한 식염 농도를 알아본다.

또 재료를 채로 썰었을 때와 강판에 갈았을 때 방수량의 차이도 알아본다.

준비물 무 150g, 식염 3g

메스실린더, 유리 깔때기, 저울, 강판, 타이머, 일반 조리기구

실험 9 식염 첨가 차이에 따른 방수량과 질감, 맛 비교 실험

1) 무(또는 오이)는 굵은 채로 썰어 group 간에 차이가 적도록 각각 30g씩 4 group으로 나눈다.
2) B, C, D group에 각각 무의 1, 3, 5%의 식염을 넣어 같은 횟수만큼 섞어 유리 깔때기 위에 올려 놓고, 시계접시로 뚜껑을 하여 덮는다(A도 같은 횟수 섞는다).
3) 5, 10, 15, 30분 후에 group별로 방수량을 측정한다.
4) 30분 후에 가볍게 짜서 관능검사를 한다.
5) 무를 강판에 갈아 위와 같은 방법으로 방수량을 측정한다.

실험 표 9-1 식염 농도에 따른 채소의 방수량과 질감

써는 방법	식염첨가량(%)	방수량				관능검사(질감 관찰)
		5분	10분	15분	30분	
채 썰기	A(0)					
	B(1)					
	C(3)					
	D(5)					
강판에 갈기	0					

과제

1 가로축은 경과시간(분)으로 잡고, 세로축은 방수량(%)으로 잡아 각 농도에 따른 무의 방수량을 그래프로 표현해 보라.

2 30분 경과 후 관능검사 결과, 염 농도가 몇 %일 때 가장 좋은 맛과 질감을 가졌는지 관찰해 보라.

염분 첨가에 의한 채소의 변화

1) 채소의 세포는 세포막에 의해 수분이나 기타 성분을 보유하고 있으므로, 채소의 수분함량이 90%라도 물은 수화수(水和水)로서 존재하고 있어 밖으로 빠져 나오지 않는다. 그러나 채소를 잘게 썰거나 강판에 갈면 세포가 파괴되어 액체가 분리되어 나온다.

2) 생채소에 식염을 첨가하면 식염은 세포벽을 뚫고 세포간질과 세포의 원형질막 사이까지 침투해 들어가서 원형질막을 중심으로 그 내부는 식염농도가 낮고 외부는 높아진다. 그런데 원형질막은 반투막이므로 식염은 이 막을 통과하지 못하고 내부의 수분이 외부의 수분 농도를 희석시키기 위하여 원형질막을 통과하여 나오게 되고, 이렇게 계속 수분이 빠져 나오면 결국 원형질 분리가 일어나게 된다.

3) 대부분의 채소는 90% 이상의 수분을 가지고 있어서 그대로 조리를 하면 조미료의 삼투압에 의해 채소로부터 수분이 빠져나와 양념 맛이 연해져서 맛이 없어지므로, 식염을 사용하여 수분을 어느 정도 뺀 후 조미한다. 소금에 절인 후 경과시간이 같을 경우 식염의 양이 많을수록 방수량이 많다.

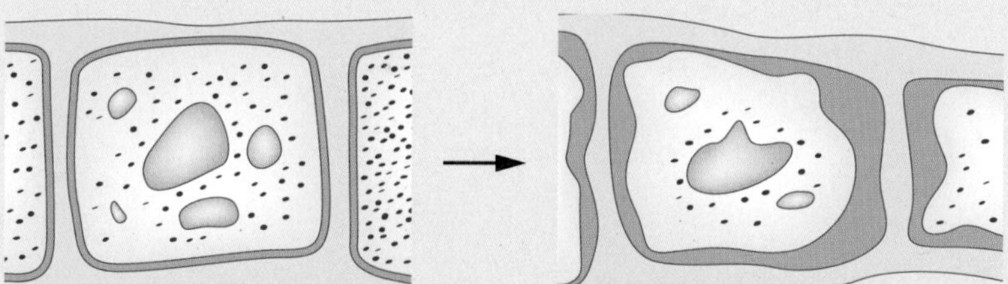

실험 그림 9-1 삼투압에 의한 원형질 분리

실험 10

조리 시 사용하는 염용액과 시판 간장의 염도 비교

목적 인간에게 소금은 없어서는 안 될 조미료이다. 그러나 과연 얼마만큼 섭취하는 것이 적당한가 하는 것은 정확히 파악하기 어려운 일이다. 또 소금은 조리과정에서 매우 중요한 역할을 한다.

한편 간장도 매일매일 조리와 식사에 기본이 되는 중요한 조미료이며, 또한 식염의 공급원이기도 하다. 일상생활에서 쉽게 접하게 되는 이 같은 염용액의 종류에 관해 알아보도록 하자.

준비물 시판되고 있는 진간장(청정원 진간장, 샘표 진간장, 몽고 진간장 등)

시판되고 있는 국간장(청정원 국간장, 샘표 국간장, 몽고 국간장 등)

소금물 용액 A(천일염, 정제염, 식탁염, 죽염)

소금물 용액 B(슴슴한 용액, 간간한 용액, 짭짭한 용액)

비커, 삼각 깔대기, 피펫, 메스실린더, 삼각 플라스크(250mL), 뷰렛, 0.171N $AgNO_3$(질산은) 용액, 2′7′-dichlorofluorescein(지시약), 염도계

실험 10-1 조리 시 사용하는 소금물 용액 A의 염도 조사

조리과정에 사용하는 소금은 용도에 따라 크게 3가지로 나누어 사용한다. 이들의 사용량에 따른 염도의 차이를 알아보고 바른 적량을 알아보도록 하자.

1) 각각의 소금(천일염, 정제염, 식탁염, 죽염) 1ts을 1/2C의 물에 녹여 용액을 만든다(이때 각각의 소금 양을 재어 본다).
2) 용액을 이용하여 염도 조사방법 I, II에 의해 염 농도를 알아본다.
3) 염도계가 있으면 염도계로 판독해 볼 수도 있다.

실험 표 10-1 천일염, 정제염, 식탁염, 죽염 사용에 따른 1C/1ts의 염농도

소금 \ 염농도	물의 양 1C(mL)	소금의 양 1ts(g)	염농도 I*	염농도 II**	맛***
천일염	100				
정제염	100				
식탁염	100				
죽염	100				

*염도 조사방법 I에 의해 계산하라.

**염도 조사방법 II에 의해 계산하라.

***짠맛의 강도는 큰 순서대로 1, 2, 3으로 나타내고 특징적인 맛과 상태를 기술하여 보라.
(예를 들면 salty, bitter, sweety, no taste, cloudy)

실험 10-2 조리 시 사용하는 소금물 용액 B의 염도 조사

조리과정에서는 식재료의 상태에 따라 염 농도를 달리해야 할 경우가 많다. 이때 흔히 사용하는 염 농도에 대한 표현은 각각 어느 정도의 농도를 갖는 것이며, 이들 용액을 제조하기 위해 사용해야 할 소금의 양은 어느 정도인지 알아보도록 하자.

1) 100mL의 물에 정제염을 녹여 각각의 슴슴한 용액, 간간한 용액, 짭짤한 용액을 만들도록 하자. 이때 사용할 소금을 미리 일정량 정확히 재어 놓고 용액을 만들기 위해 사용하고 남은 소금의 양을 측정하도록 한다.
2) 녹인 용액에 들어간 소금의 양으로 염농도 I을 계산해 보고, 이들 용액의 염농도 II를 각각 실험을 통해 계산하라.
3) 염도계가 있으면 염도계를 이용하여 농도를 잰 후, 서로 비교해 보자.

실험 표 10-2 조리 시 사용하는 소금물 용액의 염도조사

용액의 종류	물의 양(mL)	소금의 양(g)	염농도 I(%)	염농도 II(%)
슴슴한 용액*				
간간한 용액**				
짭짤한 용액***				

*슴슴한 용액 : '싱겁다'가 느껴지는 용액
**간간한 용액 : '맛이 조금 짠' 용액으로 '건건하다'보다 적은 의미의 말
***짭짤한 용액 : '맛이 짜게 느껴지는' 용액 (출처 : 우리말 국어사전)

실험 10-3 시판되고 있는 간장의 염도 조사

1) 시판되고 있는 간장을 각각 1/2로 희석하라.
2) 간장용액을 각각 250mL 삼각 플라스크에 넣고 위의 염도 조사방법에 따라 염도 II를 측정하라.
3) 측정된 염도에 희석된 배수인 2배를 다시 곱하여 최종 염도를 비교하라.

실험 표 10-3 시판되고 있는 간장의 염도조사

진간장 이름	염농도 II(%)	국간장 이름	염농도 II(%)

염도 계산방법 I

$$염도 = \frac{사용한\ 소금의\ 양}{사용한\ 물의\ 양} \times 100$$

염도 계산방법 II

1) 250mL의 삼각플라스크에 조사하고자 하는 용액 10mL를 넣는다.
2) 삼각 플라스크에 0.1~0.2mL에 해당하는 소량의 지시약을 가하여 잘 흔든다.
3) 뷰렛에 0.171N $AgNO_3$ 용액을 가득 채우고 그 밑에 지시약을 넣은 각각의 소금용액 I, II 및 간장용액이 담긴 삼각 플라스크를 댄다.
4) 뷰렛 콕크를 풀어 용액을 조금씩 흘러내려 보내고, 이때 변색점이 나타날 때까지 잘 흔들어 준다(변색점 : 형광빛 녹색 → 연어의 핑크색).

이때 소비되는 0.171N $AgNO_3$ 용액 1mL는 0.1% Nacl 염 농도로 대응하여 환산한다.

Mohr의 방법

측정하고자 하는 시료액 10mL를 취하여 2% 크롬산칼륨 용액 1mL를 지시약으로 가한 다음, 0.02N $AgNO_3$ 용액으로 주황색이 될 때까지 적정하여 측정한다.

과제

1 소금의 기능에 대해 알아보라.

2 실험 10-1의 결과를 쓰고 각 소금에 따른 맛의 차이 및 사용된 소금의 정량이 각각 어떻게 차이가 나는지 비교하여 보라.

3 실제 한국음식 recipe에서는 절이는 과정에 쓰이는 용액의 상태가 식품에 따라 다양하다. 실험 10-2의 소금물 용액 B를 실제 조리에 이용할 때 어떤 식품에 어떤 방법으로 주로 쓰이는지 아는 대로 조사해 비교해 보라.

4 실험 10-3에서 같은 진간장, 같은 국간장류에 속하는 간장끼리 얼마나 염도 차이가 있으며 이것이 서로 성분분석표에 나타나 있는지를 조사하고 알아보자.

5 죽염 만드는 방법에 대해서도 알아보자.

실험 11

시판되고 있는 식초의 산도 측정 및 요리에의 응용

목적 식초는 초산acetic acid(CH_3COOH) 농도를 약 4~6% 함유한 액체이다. 초산은 약산으로 수용액 중에서 해리되어 초산이온(CH_3COO^-)과 수소이온(H^+)으로 된다. 식초의 신맛은 H^+의 작용이며 CH_3COO^-에 의해 후미가 생긴다. 식초에는 양조식초와 합성식초(초산에 여러 가지 조미성분을 넣은 것)가 있으며 산미를 가지는 것 외에 살균효과, 생선의 뼈를 연하게 하는 효과, 우엉, 연근 등 flavone계 색소의 표백 효과, anthocyan계 색소가 적색으로 변하게 하는 원인이 되기도 한다.

산도와 알칼리도를 정확하게 측정하는 방법을 익히고 시판되는 몇 가지 식초의 산도를 측정하여 상호 비교하여 보자.

준비물 시판되는 여러 식초(3종 이상), NaOH 표준용액, 2N HCl 용액, 중조($NaHCO_3$), 페놀프탈레인 지시약, 피펫(10mL), 뷰렛(50mL), 메스실린더(50mL), 삼각 플라스크(250mL), 뷰렛 스탠드, 비커(100mL)

실험 11 산, 알칼리에서의 지시약 변화

2N HCl 용액 10mL를 비커에 붓고 피펫으로 페놀프탈레인 지시약을 몇 방울 떨어뜨린 후 NaOH 표준용액(250mL의 물에 16g의 NaOH를 조심스럽게 가하면서 제조한다)을 피펫으로 취하여 색이 변할 때까지 서서히 떨어뜨려 분홍색이 무색으로 될 때까지 적정한다.
이때 변색에 소비된 NaOH 표준용액의 양을 기록한다.

시판 식초의 산도 비교

NaOH 표준용액을 뷰렛에 조심하여 채우고 뷰렛 스탠드에 고정시킨 후 삼각 플라스크에는 한 가지 식초를 피펫으로 정확하게 10mL를 취하고 50mL의 증류수를 넣고 페놀프탈레인 용액을 3방울 정도 가하여 스탠드에 놓는다. 뷰렛에 있는 NaOH 용액을 1방울씩 떨어뜨리면서 식초의 색이 분홍색이 없어질 때까지 적정한다. 이때 소비된 NaOH 용액의 양을 기록한다.

다른 몇 가지 시판 식초들에도 이와 같은 방법으로 한다. 이때 소비된 NaOH 표준 용액 1mL는 1% 식초의 산도와 같다. 따라서 소비된 NaOH 용액의 mL 수는 각종 식초의 산도 %로 계산될 수 있다.

실험 표 11-1 **시판 식초의 산도(%) 측정 및 경제성 비교**

구분		산도(A)	100mL당 가격(B)	산도에 의한 경제성(B/A)	맛
2N HCl 용액					
시판 식초	1				
	2				
	3				

과제

1 2N HCl 용액의 산도는 몇 %인가?

2 시판되는 몇 가지 식초의 산도는 각각 몇 %인가?

3 식초 100mL당 가격은 각각 얼마이며 이들이 갖는 경제성은 어떠한가?

4 각각의 식초가 갖는 경제성에 맛을 함께 비교하여 식품구매를 생각해 보자.

실험 12

음료의 당도와 소비자 인지도 및 기호도 조사

목적 청량음료라 함은 과실, 채소류 음료, 탄산음료, 두유류, 유산균음료, 혼합음료, 분말 청량음료 등 마시는 것을 목적으로 하는 식품으로 주성분 외에 희석하여 음용할 수 있는 시럽과 탄산가스를 주입한 것들이 대부분이다. 음료제품은 모든 식료품 중에서 가장 패션성이 두드러지는 상품군으로 소비자가 어떻게 상품을 인지하고 기호도를 나타내느냐에 따라 음료의 판매 수명주기가 큰 영향을 받는다.

음료의 당도에 대한 소비자의 인지도와 기호도를 조사함으로써 잘못된 상품지식을 지적하여 올바른 식품을 선택할 수 있도록 한다.

준비물 시중에 유통되고 있는 모든 종류의 청량음료, 당도계, 100mL 비커, 얼음, pH meter, 불투명 비닐, 빨대

실험 12 음료의 이화학적 특성과 기호도 비교 실험

1. 준비된 모든 청량음료를 냉장고에서 하루 이상 보관하여 일정온도를 유지한다.
2. pH meter를 이용하여 산도를 측정한다.
3. Brix 당도계를 이용하여 당도를 측정한다.
4. 100mL 비커에 50mL를 부어 놓고 불투명 비닐로 덮은 후 빨대를 이용해 맛을 보게 한 후 당도의 순위를 결정한다.
5. 각각의 음료의 기호도를 숫자를 이용하여 결정한다.

실험 표 12-1 시중에서 유통되는 청량음료의 당도 및 기호도 비교

측정치 \ 음료명					
당의 강도*					
산의 강도*					
pH 값					
총체적 기호도**					

*당, 산의 강도는 numerical scale로 표시하라. (1 : 가장 약하다, 5 : 가장 강하다)
**기호도는 1–5의 numerical scale로 표시하라. (1 : 가장 나쁘다, 5 : 가장 좋다)

과제

1 시중에 유통되는 음료시장의 규모에 대해 조사해 보라.

2 우리나라 사람의 음료에 대한 기호도와 연령과의 관계를 조사해 보자.

3 음료가 갖는 장점과 단점을 비교해 보라.

제5장 탄수화물과 조리

1. 전분과 조리

1) 전분의 호화

전분은 분자량이 크기 때문에 물에 녹지 않지만 현탁하며 입자는 물을 흡수하여 팽윤한다. 이 단계에서 전분입자 내의 amylose와 amylopectin의 결합이 느슨하게 되고, 70~80℃에서 분자량이 적은 amylose 일부는 전분입자 밖으로 용출되면서 전분입자는 파괴된다. 이렇게 전분에 수분을 첨가하여 가온할 때 나타나는 전분의 변화를 α화(호화)라고 한다.

한편 α화한 전분을 방치하면 수분을 잃어 단단하게 되는데 이는 amylose, amylopectin, dextrin 등이 서로 뒤얽혀져 있기 때문으로 이를 β화 혹은 노화라고 한다.

2) 전분의 당화

전분은 산, 알칼리, 효소 등에 의하여 가수 분해된다. 즉 전분이 있는 식품에 산을 넣고 가열하거나 효소 또는 효소를 가지고 있는 식품을 넣고 효소의 최적온도로 맞추어 주면 전분이 서서히 가수분해되어 당화된다.

식혜는 쌀을 불려서 찌거나 밥을 만들어 엿기름에서 아밀라아제를 용출해 낸 물을 붓고 따뜻하게 보온하여 효소의 활동을 활발하게 해주어 밥의 전분을 일부분 당화시킨 것으로 식혜 밥알은 전분의 일부가 당화하여 용출되었기 때문에 조직이 성글고 식혜물에 뜬다.

엿은 엿기름에 함유되어 있는 아밀라아제로 곡류전분 전체를 완전히 당화시킨 후 걸러서 당용액 만을 분리하여 농축시킨 것이다.

콘시럽은 염산이나 아밀라아제 효소로 옥수수 전분을 가수분해하여 덱스트린, 말토스, 글루코스가 섞인 상태로 만든 것이다.

3) 전분의 호정화

전분에 물을 가하지 않고 160℃ 이상으로 가열하면 여러 단계의 가용성 전분을 거쳐 덱스트린으로 분해된다.

건열에 의하여 전분이 분해하여 덱스트린이 된 것을 피로덱스트린pyrodextrin이라고 한다. 이 덱스트린은 황갈색으로 물에 잘 용해되나 점성은 약하다. 이렇게 해서 만들어진 덱스트린은 아밀로스나 아밀로펙틴의 긴 사슬이 열에 의해 군데군데 끊어진 것으로서 사슬이 짧아지므로 끈기는 약하다. 식빵을 구워 토스트를 만들 때, 기름으로 밀가루 음식을 튀길 때, 쌀이나 옥수수를 튀길 때 피로덱스트린이 생긴다. 또한 카레라이스를 만들 때 카레가 걸쭉하면서도 끈끈하지 않게 하기 위하여 밀가루를 마른 채로 프라이팬에 볶기도 한다. 이때도 밀가루 전분의 호정화가 일어난다.

4) 전분의 종류에 따른 요오드 반응

종류	요오드 반응
가용성 전분	청색
amylodextrin	청색
erythrodextrin	적갈색
achrodextrin	담황색

크림수프나 소스 등 밀가루를 사용해서 농후하고 점성이 있는 국물을 만드는 조리는 밀가루에 함유된 전분의 작용을 이용하는 것이다. 특히 서양조리에서는 밀가루를 버터로 볶아서 만드는 경우가 많다.

루우roux는 수프나 소스의 기본 바탕이 되는 것으로 버터를 가열하고 동량 또는 2배의 밀가루를 넣고 저으면서 가열해 주면 처음에는 단단한 상태였다가 차츰 유동상태로 변한다. 그때의 가열온도는 120~140℃이며 루우를 사용하면 국물이 농후해지고, 볶는 밀가루의 풍미가 가해져 향과 맛이 좋아진다.

밀가루에는 약 70%의 전분이 함유되어 있는데 루우에 물을 가하고 끓이면 전분이 호화되면서 점성이 생기고 그 점도는 루우의 볶는 방법에 따라 다르다. 밀가루와 버터를 볶은 후 가열하면 볶지 않고 물에 풀어 가열한 때보다 점도가 높아진다. 이것은 밀가루 중의 amylase가 가열에 의하여 변성되어 실활되므로 가열 초기에 일어나는 전분의 분해가 억제되기 때문이다.

또한 볶는 시간이 길고 온도가 높을수록 점도가 저하된다. 그 이유는 기름과 같이 가열하면 전분입자 표면이 기름으로 둘러싸여 팽윤되기 곤란해지기 때문이며, 전분입자의 측쇄결합 일부가 높은 온도에서 분해되어 덱스트린화되기 때문이다(덱스트린화한다는 것은 amylopectin이 분해됨으로써 용해성이 높아진다는 것으로 미숫가루와 같은 것을 의미한다).

루우를 가열하면서 우유나 육수를 넣어주면 전분의 호화가 촉진되어 농후해지고 점점 단단한 상태로 되어 후에는 풀어지기 어려운 덩어리가 된다. 이때는 전분의 호화온도 이하에서 루우와 물을 섞어 균일하게 분산시킨 다음 저으면서 가열하면 덩어리로 뭉치지 않는다. 식은 루우에 냉수를 가하면 버터가 굳어지면서 분산상태가 좋지 않게 되므로 루우에 물을 넣을 때의 온도를 30~40℃로 해주는 것이 적당하다.

5) 조리과정에서 전분의 역할

조리과정에서 전분은 여러 과정에서 사용된다.

소스, 크림수프, 파이 속, 그레이비에서는 점도를 증가시키는 증점제로 사용되며, 샐러드 드레싱, 시럽, 청량음료에서는 안정제로 사용된다. 그리고 묵, 푸딩, 젤리에서는 젤 형성제로, 육류 가공품에서는 결착제로, 제과제빵류에서는 광택제나 피막제로 사용된다.

실험 13

쌀 전분의 당화도 측정

목적 전분의 α 및 β전분의 감별과 정량에는 디아스타아제라는 효소를 사용하여 당화속도를 측정하면 전분의 α화 및 β화에 대한 정도를 쉽게 판별할 수 있다. 즉 α전분은 β전분에 비하여 빨리 분해된다.

그 정도를 비교실험하고 요오드 반응을 검사하여 쌀 조리 시의 이화학적인 성질과 변화를 알아보도록 한다.

준비물 쌀 전분(또는 녹말) 약 10g, 무 100g 또는 디아스타아제 1g, 요오드(KI용액)

유발, 저울, 강판, 실린더, 온도계(100℃), 당도계, 점도계, 현미경, 시험관

실험 13 쌀 전분의 당화조건과 효소적 처리에 의한 당화 비교 실험

1) 전분 1g과 물 15mL을 시험관에 넣고 잘 섞은 후 끓는 물에서 중탕으로 가열해서 풀을 만든다(A).
   ⇒ 이는 가열에 의한 당화 측정방법이다.
2) 전분 2g씩 유발에 넣고 고운 가루로 한다. 곱게 간 전분가루 각각 1g씩을 시험관에 넣고 물 15mL를 넣고 잘 섞는다.
   ⇒ 이는 가열하지 않은 호화를 하는 방법으로 15분 이상(B), 30분 이상(C)의 상태를 측정하는 방법이다.
3) 전분 1g과 물 15mL를 시험관에 넣고 잘 흔들어준다(D).
4) A, B, C, D를 잘 흔들어서 다른 시험관에 10mL씩 취해 각각에 동질의 무즙을 일정량 또는 0.2g의 디아스타아제를 가해 휘저어 섞고, 시간 경과에 따라 전분의 당화상태를 당도계로 알아본다.

실험 표 13-1 전처리 방법 차이에 따른 시간의 경과별 전분의 당화 비교

시간(35℃에서)	A	B	C	D
10분				
20분				
1시간				
1시간 30분				
2시간				
3시간				
20시간				

과제

1 전분의 분해효과를 가져올 수 있는 식품에는 어떤 것들이 있는가?

2 가을에 먹는 무시루떡은 어떤 효과를 가져올 수 있는지 생각해 조사하라.

3 전분의 당화를 이용하여 식품 제조를 하는 양념이나 부재료에는 어떤 것들이 있는지 알아보자.

4 전분의 당화를 적당히 조절할 수 있는 방법은 무엇들이 있는지 알아보자.

실험 14

쌀의 흡수 및 침수에 따른 전분의 호화와 전분립 관찰

목적 곡류에 있는 전분은 물을 흡수하여 열을 가함으로써 팽윤하여 호화된다. 즉 80℃ 이상 가온함으로써 전분입자가 파괴되는데 이렇게 전분에 수분을 첨가하여 가온할 때 나타나는 전분의 변화를 전분의 호화(α화)라고 한다.

이는 밥이나 떡 등에서 볼 수 있는 현상이다.

준비물 쌀(멥쌀, 찹쌀), 쌀전분(또는 녹말)

비커(250mL, 500mL) 온도계, 메스실린더, 저울, 종이타월, pH paper, 일반 조리기구, 현미경, 슬라이드 글라스, KI 용액

실험 14-1 쌀의 흡수량과 침수시간에 관한 실험

쌀이 호화되기 위한 물의 흡수시간이 어느 정도일 때가 적당한지 알아보도록 하자.

1) 쌀(멥쌀, 찹쌀)을 50g씩 정확하게 칭량한다.
2) 칭량된 쌀을 250mL 비커에 담고 100mL 정도의 물을 넣는다.
   이때 물의 온도를 20, 40, 60℃로 달리한다.
3) 시간이 경과함에 따라 10, 30, 50, 70, 90분마다 쌀을 건져내어 칭량한다(중탕조를 이용하여 침수 동안 온도를 유지하도록 하며, 칭량 시에는 물기 없는 행주, 종이타월로 가볍게 눌러 물기를 닦은 다음 칭량한다).
4) 시간에 따른 쌀의 흡수량(%)을 계산하여 밥 짓기 전의 침수시간을 결정한다.

실험 표 14-1 멥쌀과 찹쌀의 침수온도 변화에 따른 시간대별 흡수량

조건 \ 쌀종류	멥쌀			찹쌀		
침수시간(min) \ 침수온도(℃)	20	40	60	20	40	60
10						
30						
50						
70						
90						

실험 14-2 쌀의 호화에 따른 전분립의 관찰

쌀의 호화 개시온도에 따른 전분립의 구조 변화를 관찰하여 보자.

1) 전분 1g과 물 15g을 시험관에 넣고 잘 섞은 후 항온수조의 냄비 안에 온도계를 꽂고 서서히 가열하면서 호화를 진행시킨다.
2) 냄비 안의 온도계가 실험조건과 같이 변할 때마다 1mL씩 꺼내어 KI 용액 한 방울을 떨어뜨려 반응을 일으키게 한 후 슬라이드 글라스 위에 놓고 400배율로 관찰하여 보자.
3) 현미경에 보이는 전분의 모양을 그려 보자. 온도 변화에 따라 어떤 변화가 일어나는지 그림으로 그려 보자.
4) 호화 개시온도는 몇 도인지 그림으로 보고 파악해 본다.

실험 표 14-2 온도 변화에 따른 쌀 전분의 변화와 호화 개시온도의 측정

20℃	40℃	60℃	65℃
70℃	73℃	75℃	80℃

흡수량 계산법

$$\text{흡수량}(\%) = \frac{\text{흡수한 쌀의 무게(g)} - \text{원래 무게(g)}}{\text{원래 무게(g)}} \times 100\ (\%)$$

과제

1 몇 ℃의 물을 이용하여 몇 분간 침수할 때 가장 흡수량이 큰가?

2 멥쌀과 찹쌀의 차이는 있는가? 이때 각 쌀의 최적 침수시간은 언제인지 찾아보라.

3 곡류의 흡수율을 그래프로 작성하시오.

4 전분 호화과정은 소화성을 증가시키는 과정이기도 하다. 일상생활에서 간접적으로 호화를 유도시킨 음식의 예를 찾아보라.

5 식품조리에 많이 쓰이는 감자전분, 옥수수전분, 도토리전분, 녹두전분 등의 호화개시 온도는 몇 도이며, 그들 전분의 모양은 어떤 모양인지 알아보자.

실험 15

소스류의 기본 루(Roux)에 관한 실험

목적 수프, 소스의 기본이 되는 루roux는 재료 조성비와 만드는 환경에 따라 관능적 특성이 달라진다.

루우를 만드는 데 있어 물의 양과 온도를 달리하여 조리 시 풍미나 점성 등에 미치는 영향을 비교하여 보자.

준비물 밀가루 약 100g, 버터 100g, 요오드화칼륨(KI) 용액

피펫, 겉보기 점도계, 온도계, 일반 조리기구, 초시계

실험 15-1 온도와 소요시간에 따른 루우의 관능적 특성 비교

1) 프라이팬에 버터 50g을 녹이기 시작하여 끓기 시작하면 밀가루 50g을 넣어 약한 불에 버터를 갈색으로 볶았을 때, 그 온도와 소요시간 및 중량을 알고 그 상태를 관능 및 외관으로 기록한다(이때 150℃ 때의 상태도 관찰하여 기록한다).
2) 버터로 볶은 밀가루 중량의 1/10의 물을 가하여 끓인 다음 다시 냉각하여 100g이 되게 한다(A).
3) 별도로 밀가루 50g과 버터 50g에 상당의 물(합한 중량의 1/10의 물)을 부어 끓여서 식히고 100g으로 만든다(B).
4) A, B의 즙에 대해서 풍미와 촉감을 비교한다.

실험 표 15-1 밀가루를 버터로 볶았을 때의 상태

온도(℃)	소요시간(분)	중량(g)	색	상태
150				
180				

소요시간은 밀가루를 넣은 때부터의 시간임

실험 15-1 온도와 소요시간에 따른 루의 요오드 반응과 점성 비교

온도와 시간의 변화에 따라 요오드를 첨가하고 이에 따른 변색반응의 정도와 점성 정도를 비교한다.

1) 점성의 정도는 10mL 피펫을 사용하여 재료가 흘러 떨어지는 데 걸리는 속도를 비교해서 적는다. 단, A, B의 온도를 같게 하여 실험 전의 피펫의 조건이 같도록 주의한다.

실험 표 15-2 조리시간 및 온도 변화에 따른 루우의 점성의 변화 및 요오드화 반응

시료의 종류	A		B	
	온도(℃)	시간(초)	온도(℃)	시간(초)
점성의 정도 (10mL 피펫의 눈금까지 빨아올려 전부가 흘러 떨어지는 데 걸리는 시간 표시)	95 80 70 60 50 40 30		95 80 70 60 50 40 30	
	온도(℃)	정색	온도(℃)	정색
요오드 반응	30 40 50 60 70		30 40 50 60 70	
풍미				

과제

1 밀가루와 버터 볶음에 있어서는 그 색과 온도 및 소스의 종류를 결부시켜 알아보자.

2 온도와 풍미, 온도와 점성, 온도와 양과의 관계도 위 실험에 의하여 상세히 관찰하여 기록한다. 조리의 종류에 따라 점성이 문제가 되며, 또한 먹을 때의 온도에 따라서 양이 문제가 된다.

3 온도별로 점성의 정도를 그래프로 그려 보고, 이때의 색변화를 관찰하여 전분의 변화에 관해 알아보도록 하자.

실험 16 White sauce 제조방법에 따른 Texture 및 Viscosity 비교

목적 크림수프나 소스 등 밀가루를 사용하여 농후하고 점성이 있는 국물을 만드는 조리는 밀가루에 함유된 전분의 작용을 이용하는 것이다. 특히 서양조리에서 많이 쓰이는 소스는 밀가루에 버터를 볶아 만드는 것으로 전분의 호화를 조절함으로써 질감과 점도를 조절하게 된다. 소스의 기본이 되는 루우를 만드는 데 있어 물의 양과 온도를 달리하여 제조하는 것이 소스의 질감과 점성이 관능에 어떤 차이를 가져오는지를 관찰한다.

준비물 밀가루, 버터, 우유, 소금, 설탕

소스팬, apparent viscosity test ring 10개, section note with vinyl cover, 유성펜, 온도계, 점도계Brookfield viscometer

실험 16-1 White sauce 제조 시 재료의 혼합방법에 따른 질감의 변화 관찰 실험

Medium white sauce를 아래의 recipe에 의하여 만들어 보고 만들어진 소스의 질감에 대해 이야기하여 보라.

medium white sauce

버터	2Ts
밀가루	2Ts
소금	1/2ts
우유	1C

Method 1

1) 버터를 녹인 후, 밀가루와 소금을 넣고 버터와 섞이도록 젓는다.
2) 불에서 내린 후 차가운 우유를 한꺼번에 부어 첨가한다.
3) 모든 재료가 되직해질 때까지 열을 가하면서 계속 젓는다.

Method 2

1) 1/4C 분량의 우유를 남긴 후, 나머지 우유에 버터를 넣어 데운다.
2) 밀가루와 소금을 남겨 두었던 찬 우유에 섞어 저은 후, 이것을 데워 두었던 버터와 우유의 paste에 넣어 서서히 젓는다.
3) 모든 재료가 되직해질 때까지 열을 가하면서 계속 젓는다.

Method 3

1) 찬 버터와 밀가루를 서로 섞는다.
2) 우유를 약간 따뜻할 정도의 온도simmer로 덥힌 후, 섞어 두었던 버터와 밀가루 그리고 소금을 함께 섞는다.
3) 모든 재료가 되직해질 때까지 열을 가하면서 계속 젓는다.

Method 4

1) 버터와 소금을 빼고, 밀가루와 1Ts의 설탕을 골고루 잘 섞는다.
2) 찬 우유에 밀가루와 설탕을 넣고 섞는다.
3) 모든 재료가 되직해질 때까지 열을 가하면서 계속 젓는다.

위의 4가지 방법을 이용하여 medium white sauce를 만들고 그들의 제조과정을 통해 전분 입자의 분산에 따른 질감의 차이를 관찰하라.

실험 표 16-1 제조방법을 달리한 white sauce의 질감 관찰

Method of combining ingredients	농도	White sauce의 상태
hot fat and flour + cold liquid		
cold paste + hot fat and liquid		
cold fat and flour + hot liquid		
sugar and flour + cold liquid		

실험 16-2 Medium white sauce 제조 시 재료의 차이에 따른 Viscosity의 관찰

실험 16-1의 Method 1을 이용하여 아래 표에 있는 재료를 혼합하여 Medium white sauce를 만들어 본다. 그리고 만들어진 것을 50℃로 식힌 후 apparent viscosity test ring을 이용하여 5분간에 걸쳐 점도를 측정한다. 그리고 점도계를 이용하여 점도를 측정하여 서로 비교한다.

실험 표 16-2 재료 배합을 달리하여 제조한 medium white sauce의 점도 비교

sauce	Quantity				조리시간 (min.)	Apparent Viscosity	점도계수치
	우유(C)	버터 (Ts)	밀가루 (Ts)	소금(ts)			
Very thin	1	1	1/2	1/2			
Thin	1	1	1	1/2			
Medium	1	2	2	1/2			
Thick	1	2	3	1/2			
Very Thick	1	2	4	1/2			

액체 식품의 점도 측정법(Line spread, Apparent Viscosity, Resistance to Flow, 겉보기 점도)

- 준비물 : 투명한 파이렉스판, 유리판 혹은 두꺼운 비닐, 양면이 뚫린 둥근 유리관 혹은 파이렉스관(직경 3cm, 높이 2.5cm), 모눈종이(그림과 같이 가운데에 위의 원통과 같은 직경의 원을 그리고 원의 중심을 지나도록 수직선을 그려 넣는다), 온도계, 시계
- 측정방법

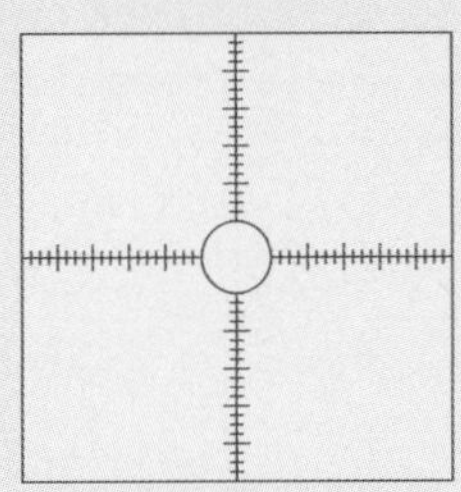

1. 모눈종이 위에 투명한 판을 올려 놓는다.
2. 모눈종이의 원의 중앙 위치에 원통을 놓는다.
3. 점도를 측정하려는 시료가 일정 온도에 이르면 밑으로 새거나 흘러넘치지 않도록 주의하면서 시료를 원통의 윗부분까지 가득 채운다.
4. 원통을 단번에 들어내고, 정확히 1분 동안 시료가 흐르도록 둔다.
5. 4개의 직선을 따라 시료가 이동한 거리를 신속히 읽는다.
6. 4개 측정치의 평균값으로 이들의 겉보기 점도를 구한다(겉보기점도가 적을수록 시료 점도는 높은 것을 의미한다).

과제

1 Apparent viscosity를 측정하고 그 결과의 값을 그림으로 표시하고 직접 그림을 그려 값이 나오기까지의 과정을 표시하라.

2 밀가루나 전분가루와 같은 식품 재료를 이용하여 루우를 만들 때 조리과정에 따른 각각의 차이가 소스의 질감에 어떻게 영향을 주는지 알아보라.

3 White sauces가 Thickening agent로써 쓰이는 recipe를 5개 이상 모아서 분석하라.

4 어떤 요리에 각각의 소스가 쓰이는지 이름과 종류를 적어보라.

실험 17

전분 종류에 따른 묵의 견고도, 질감 및 맛의 비교

목적 전분은 호화한 후 노화과정에서 gel을 형성하는 능력이 있어 이를 식품조리 중 묵의 제조에 이용하고 있다. 그러나 전분의 gel 형성 능력은 전분입자의 크기나 전분의 수분흡수율에 따라 달라질 수 있으므로 모든 전분을 묵으로 이용할 수 있는 것은 아니다. 다양한 식품의 전분의 특성을 알아보고 각각의 차이점을 관찰해 보도록 하자.

준비물 녹두전분, 도토리전분, 메밀전분, 감자전분 각 1/2C
일정한 크기의 틀, 일반 조리기구

실험 17 여러 가지 전분을 이용한 묵 제조와 특성 비교

1) 전분가루와 물의 비율을 1:6으로 하여 전분 현탁액을 만든다.
2) 약한 불에서부터 서서히 가열하여 95℃가 될 때까지 가열하여 묵을 쑤면서 완전히 호화시킨다.
3) 전분 현탁액이 호화되어 투명해질 때까지 약 15~20분간 가열한 후, 다시 온도를 약하게 내려 전분이 완전히 점도를 가질 수 있도록 뜸을 들이도록 한다.
4) 호화액이 식기 전에 뜨거운 상태에서 물기를 묻힌 적정용기에 담아 실온에서 24시간 방랭한다.
5) 묵의 %sag을 측정하고, 관능검사를 통해 조직감, 질감 및 수응도를 평가한다.

실험 표 17-1 전분 종류에 따른 묵의 견고도, 질감 및 맛의 비교

전분의 종류	Percent sag(%)	조직감*	질감**	수응도***
녹두전분				
도토리전분				

전분의 종류	Percent sag(%)	조직감*	질감**	수응도***
메밀전분				
감자전분				

*실제 입으로 먹어보고 느껴지는 조직감이 거친지, 멍울지는지, 구멍이 있는지, 치밀한지, 단단한지, 깔깔한지 등을 적는다.
**탄성이 있는지, 매끌거리는지, 쫀득거리는지, 끈끈한지 등을 적는다.
***느낌을 적는다.

과제

1 전분의 일반적인 제조방법을 알아보자.
2 식품에 이용할 수 있는 전분은 어떤 종류가 있으며 어떤 음식에 어떻게 이용되는지 정확한 레시피를 곁들여 조사하여 보자.
3 전분의 gel 형성 능력으로 인해 이용할 수 있는 식품의 예를 들고 식품조리에 이용 가능성을 달리 생각하여 조사하자.

% sag 측정방법(Percent sag, % sag)

- 준비물 : 한쪽 끝이 뾰족한 가는 막대기(직경 1mm 이하), 자 혹은 vernier caliper, 온도계, 편평한 판(plate)
- 측정방법
  1) 틀에 미리 약간의 기름을 발라 놓는다.
  2) sol 상태의 식품을 기름 바른 틀에 붓고 반고체인 gel 상태로 굳힌다.
  3) 일정온도에 이르면 시료를 틀에 담은 채로 가는 막대가 기울어지지 않도록 주의하면서 뾰족한 끝이 gel의 밑바닥에 닿도록 수직으로 꽂는다.
  4) 가는 막대와 gel의 윗면이 닿는 부위에 표시를 한다.
  5) 막대를 뺀 후 뾰족한 끝에서 표시된 부위까지 길이를 측정하여 틀 내에서의 gel 높이를 잰다.
  6) gel을 편평한 판에 붓고, 막대를 이용하여 다시 높이를 측정한다.
  7) 다음 공식으로부터 % sag을 산출한다.

$$\% \text{ sag} = \frac{\text{틀 내의 gel 높이} - \text{틀에서 뺀 후 gel 높이}}{\text{틀 내의 gel의 높이}} \times 100$$

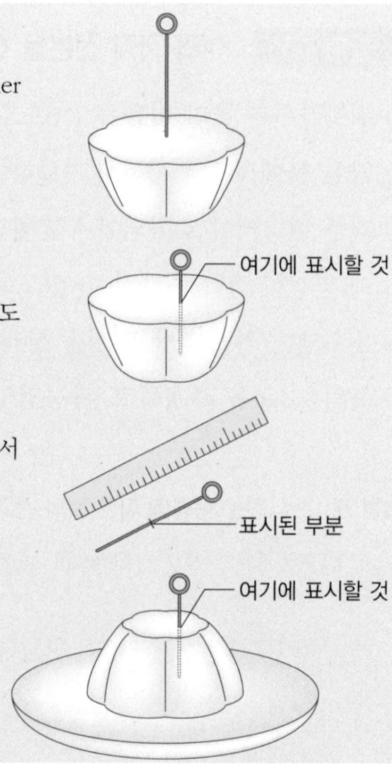

2. 당의 조리

1) 당의 성질과 당의 종류

가용성인 단당류 및 이당류는 대부분 단맛을 가지고 있어 천연감미료로 사용된다. 단당류인 과당과 이당류인 설탕, 전화당이 많이 사용된다. 그밖에 감미료로 사용되는 것에는 옥수수 전분에 산을 가하여 고온에서 가수분해시켜 얻은 포도당, 맥아당, 덱스트린 결합물인 콘시럽, 사탕수수에 설탕을 정제하고 남은 당밀, 꿀벌이 모은 화밀을 농축한 꿀 등이 있다.

또한 소르비톨, 만니톨, 자일리톨 등의 당알코올은 용액의 열을 빼앗은 성질이 있어 청량감을 주고 설탕과 비슷한 단맛을 주며 충치를 발생시키지 않아 캔디나 껌에 이용된다.

이외에 사카린, 아스파탐, 아세설팜 K 등의 대체감미료가 있다.

2) 조리 중 일어나는 당류의 변화

(1) 결정성

가열되고 있는 캔디의 열원을 제거하면 더 이상 설탕이 녹아들어 갈 수 없는 포화상태가 된다. 포화상태의 설탕용액을 그대로 냉각시키면 결정없이 용액이 된다.

이 용액을 교반시키거나 결정화시키는 핵을 만나거나 설탕 결정이 닿거나 하면 즉시 설탕결정이 생긴다. 결정화를 시작하는 핵이 형성되면 과포화로 인한 과량의 당성분이 형성된 핵 주위로 쌓여 결정 크기가 커지게 되어 무게가 증가해 용액 밑으로 침천하여 결정이 생긴다.

멸치볶음을 만들 때 조림양념을 따로 만들어 멸치를 먼저 볶은 후 양념을 나중에 넣어야 한다. 그 이유는 볶은 멸치에 설탕 등 각각의 양념을 직접 넣고 젓게 되면 설탕에 의해 핵이 형성되어 멸치볶음이 식으면 딱딱해지기 때문이다. 또한 설탕시럽을 만들 때 설탕과 물을 넣고 약한 불에서 젓지 않아야 하는데 이것도 같은 이유이다.

(2) 발효

유당을 제외한 대부분의 당은 이스트에 의해 발효되어 이산화탄소와 알코올을 생산한다.

발효는 제빵 제품에서 중요한 반응이며 이산화탄소는 제빵제품에 남고 알코올은 굽는 과정에서 휘발된다. 당을 함유한 제품의 부패는 발효에 의한 것이다.

(3) 가수분해

당은 가열, 산, 효소에 의해 가수분해된다. 당류가 가수분해되면 단당류, 올리고당류, 덱스트린이 생성되어 단맛이 증가한다. 설탕은 비환원당으로 설탕 자체는 갈변반응을 하지 않으나 가수 분해되어 전화당으로 변화되면 갈변반응을 하게 된다. 즉, 조리 시 설탕에 열이 가해지면 가수분해되어 갈변반응이 일어나는 것이다.

(4) 캐러멜화

설탕용액을 가열하여 수분이 하나도 남지 않게 되면 녹은 설탕이 된다. 이 설탕을 불에서 내려놓고 그대로 두면 반들반들하고 깨뜨리면 깨지는 비결정체의 고체가 된다.

녹은 설탕을 설탕의 융점인 160℃ 이상 가열하면 색이 황색에서 황갈색, 갈색으로 변하는 캐러멜화가 일어난다. 캐러멜화는 비효소적 갈변반응으로 가열과 같은 외부로부터 계속적인 에너지의 공급이 필요하다. 특유의 향기를 생성하고 갈색으로 변하기 때문에 당의 함량이 많은 캔디, 제과 제빵류를 만들 때 중요하며 간장, 불고기양념 등 식품가공과정에 색소로 이용되기도 한다.

(5) 메일라드 반응

메일라드 반응은 비효소적 갈변반응으로 환원당의 알데히드기나 케톤기와 같은 카르보닐기가 아미노산, 펩타이드, 단백질과 같은 아미노화합물과 상호 반응하여 갈색물질을 생성하는 것으로 아미노-카르보닐 반응이라고도 한다. 빵을 구울 때 빵 표면이 먹음직스러운 갈색이 되는 것은 메일라드 반응으로 인한 것이다.

3) 조리과정에서 당류의 역할

(1) 당은 단맛이 있어 조리나 가공식품의 부재료로 사용된다.

(2) 열을 가했을 때 캐러멜화하여 구워 놓은 음식의 표면을 보기 좋은 갈색으로 만든다.

(3) 단백질의 기포를 안정시켜 주는 역할을 한다.

예 머랭은 단백질에 물리적 교반을 통해 만들어지는 것으로 달걀흰자를 거품내면 수분이 분리되어 나오고, 이를 방치하면 단백질에서 분리된 물이 다시 흡수되어 처음의 흰자로 돌아가 버린다. 그러나 설탕을 넣으면 수분과 설탕이 결합하기 때문에 단백질이 분리된 수분을 흡수하는 것을 방지하여 안정된 머랭이 만들어진다. 이렇게 만들어진 머랭은 케이크의 아이싱이나 디저트 만드는 데 사용된다.

(4) 당류는 잼이나 젤리와 같은 제품을 만들 때 gel 형성에 도움을 준다.

(5) 당장식품에서 식품의 탈수현상을 일으켜 방부성을 증가시키기도 한다.

(6) 단백질의 열 응고 온도를 높인다.

예 제과제빵 제품에서 이스트의 영양원이 되며 스펀지 케이크나 푸딩을 만들 때 다량의 설탕을 첨가하면 달걀단백질의 수분을 설탕이 흡수하여 달걀단백질의 열응고 온도를 높아지므로 부드러운 제품을 만들 수 있다.

실험 18

부재료 종류에 따른 캐러멜 캔디의 질감 및 맛의 비교

목적 캔디를 만들 때 다양한 재료를 첨가하게 되면 재료의 용액 중에 혼합되는 방법에 따라 다양한 형태의 캐러멜이 만들어지게 된다. 동일한 온도인 120℃를 유지하면서 만들어진 캐러멜의 특성을 이해해 보도록 하자.

준비물 설탕, 콘시럽, 버터, light cream, 우유, 초콜릿,
냄비, 나무주걱, 온도계(200℃ 측정), 팬과 접시, 모양틀, 기름종이 또는 셀로판지

실험 18 여러 가지 부재료를 이용한 캐러멜 제조와 특성 비교

아래 표의 배합비에 의해 캐러멜 A, B, C, D를 만들고 특성을 비교해 보자.

실험 표 18-1 캐러멜 제조에 따른 재료 배합 비율

시료	설탕(g)	콘시럽	버터(C)	light cream(mL)	우유(mL)	초콜릿(g)	가열온도(℃)
A	250g(1C)	1/4C+3Ts	1/4	240	○	○	120
B	250g(1C)	1/4C+3Ts	1/4	240	○	20	120
C	250g(1C)	1/4C+3Ts	1/4	○	240	○	120
D	250g(1C)	1/4C+3Ts	1/4	○	240	20	120

1) 두꺼운 냄비에 각 시료의 비율에 맞게 모든 재료를 섞는다.
2) 가열 초기에는 모든 재료가 섞이도록 저어 준다. 혼합물이 걸쭉해지면 가끔씩 저어 준다. 그 후부터 가열이 끝날 때까지는 눋지 않을 정도로 저어 주고, 나중에는 젓지 않는다.

3) 120℃에 도달하면 불에서 내리고 약간 식힌다.

4) 기름을 바른 팬이나 접시에 부어 식힌다.

5) 팬이나 접시에 떼어 캐러멜 모양을 빚고 기름종이나 셀로판지에 하나씩 싸서 둔다.

6) 만들어진 캐러멜의 특성에 대한 평가를 해보자.

실험 표 18-2 부재료 첨가에 따른 캐러멜의 경도, 질감 및 맛의 비교

시료	단단한 정도*	입안에서의 매끄러움**	전체적인 질감***
A			
B			
C			
D			

*실제 입으로 먹어보고 느껴지는 경도가 어느 정도인지 1~5단계로 표현해 보자.

**탄성이 있는지, 매끈거리는지, 쫀득거리는지, 끈끈한지 등을 적어보자.

*** 실제 입으로 먹어보고 느껴지는 질감이 거친지, 멍울지는지, 구멍이 있는지, 치밀한지, 매끄러운지, 단단한지, 깔깔한지에 대한 분류를 해보자.

과제

1 캐러멜에 사용하는 부재료의 종류에 대해 알아보자.

2 캐러멜 만드는 원리에 대해 과학적으로 조사하고 이해해 보자.

3 마시멜로, 퍼지, 폰당, 누가, 드롭스 등 캐러멜의 이름들과 만드는 원리에 대해 조사하여 보자.

실험 19

설탕 종류에 따른 쿠키의 특성 비교

목적 쿠키에서 설탕의 역할은 제품에 감미와 향미를 주고 밀가루 단백질을 연하게 하는 성질이 있다. 쿠키 반죽 중에 녹지 않고 남아 있는 결정체는 굽는 과정에서 열에 의해 녹아 반죽이 퍼지는 원인이 된다.

한편 고운 입자의 설탕은 굽는 과정에서 충분한 퍼짐을 일으키지 않아 조밀하고 지방이 분리되어 완제품이 질기고 기름기를 느끼게 된다. 설탕 종류에 따라 쿠키의 질감에 미치는 영향을 구운 쿠키의 질감과 형태로 비교해 보면서 설탕의 특성을 이해해 보도록 하자.

준비물 백설탕, 황설탕, 슈거파우더, 박력분, 달걀, 버터, 베이킹파우더, 소금

믹싱볼, 휘핑기, 나무주걱, 체, 시트팬, 접시, 모양틀, 기름종이

실험 19-1 설탕 종류별 쿠키의 경도, 크기 및 맛 비교

다음 표의 배합비에 의해 쿠키를 만들고, 쿠키들을 관능검사에 의한 단단함, 크기, 맛 등의 특성을 알아보자.

쿠키 만들기

재료 설탕(슈거파우더, 백설탕, 황설탕) 각 60g, 박력분 260g, 버터 100g, 달걀 50g, 베이킹파우더 2g, 소금 1g

만드는 법

① 각각의 믹싱볼에 버터가 액체 상태로 흐를 때까지 휘핑기로 젓는다.
② 각각의 믹싱볼에 종류별로 설탕과 소금을 넣고 사각사각 소리가 안 날 때까지 섞는다.
③ 달걀을 넣고 휘핑기로 섞일 때까지 젓는다.
④ 각각의 믹싱볼에 밀가루를 체 쳐서 마른 가루가 안 보일 때까지 일정 회수를 정해 섞은 후 모양틀에 넣어 찍는다.
⑤ 180℃로 예열된 오븐에 넣고 15분간 굽는다.
⑥ 다 구워지면 식힌 후 각각의 특성을 비교한다.

실험 표 19-1 설탕 종류에 따른 쿠키의 특성 비교

항목 \ 시료	슈거파우더	백설탕	황설탕
단단함			
색			
향			
맛			
크기 변화율(%)			
종합평가			

관능검사 시 각 항목에 대해 5점 척도에 의해 특성을 비교하자(5 - 매우 좋다, 4 - 좋다, 3 - 보통이다, 2 - 나쁘다, 1 - 매우 나쁘다).

실험 19-2 백설탕의 함량차이에 따른 쿠키의 특성 비교

아래와 같이 쿠키 레시피에서 백설탕의 함량을 변화하여 쿠키를 구워 특성을 비교해 보자.

시료 \ 재료(g)	백설탕	박력분	버터	달걀	베이킹파우더	소금
309	**80**	260	100	50	2	1
677	**60**	260	100	50	2	1
165	**40**	260	100	50	2	1

실험 표 19-2 백설탕 함량 차이에 따른 쿠키의 특성

항목 \ 시료	309	677	165
단단함			
색			
향			
맛			
크기 변화율(%)			
종합평가			

관능검사 시 각 항목에 대해 5점 척도에 의해 특성을 비교하자(5 - 매우 좋다, 4 - 좋다, 3 - 보통이다, 2 - 나쁘다, 1 - 매우 나쁘다).

과제

1 사탕수수나 사탕무로부터 백설탕, 황설탕, 흑설탕 및 슈가파우더를 얻기까지 어떤 공정을 거치는지 알아보자.

2 설탕의 조리에서의 역할에 대해 알아보자.

3 쿠키 제조방법의 종류를 알아보고 이때 설탕이 미치는 영향에 대해 조사해 보자.

3. 펙틴의 조리

펙틴질은 인간의 소화효소로는 분해되지 않는 다당류로 식이섬유 중 하나이다. 식물체의 세포 사이와 세포벽에 존재하여 세포와 세포를 서로 연결해 주고 채소와 과일 등의 견고성과 아삭아삭한 질감을 내게 하며 gel을 형성하는 특징이 있다.

1) 조리 중 일어나는 펙틴의 변화

(1) 가수분해

펙틴질은 조리하는 동안 열에 의해 어느 정도 가수분해되어 조리된 음식을 부드럽게 만든다. 채소 통조림제품의 채소가 심하게 물컹거리게 되는 것은 이같은 성질 때문이다. 그러나 염화칼슘과 같은 칼슘염을 첨가하면 채소 조직의 펙틴질에 불용성염을 형성하면서 채소 조직을 단단하게 만든다.

토마토 캔에 상업적으로 미량 첨가되는 칼슘은 토마토의 모양과 견고성을 유지해 준다.

(2) gel 형성

펙틴은 gel을 형성하는 특징이 있어 잼, 젤리를 만들 때 사용된다.

이 같은 gel 형성에 영향을 주는 요인에는 펙틴의 농도, pH, 당의 농도, gel 형성 온도, 가열시간 및 조리조건, 염의 존재 여부 등이 있다.

2) 조리과정에서 펙틴의 역할

(1) 펙틴은 용액의 점도를 증가시키고 gel을 형성하는 능력이 있어 잼, 젤리에 사용된다.

(2) 펙틴은 산성조건에서 단백질의 응집 및 침전을 방지하는 안정제로서의 작용을 하기도 한다.

이는 펙틴과 단백질의 이온들끼리 결합을 이루어 단백질 표면에 흡착하고 포위하는 형상을 띠게 되며, 결과적으로 단백질끼리의 응집을 억제하여 서로 응집하거나 침전되는 것을 방지하게 된다.

이것은 살균과정에서 단백질의 변성에 따른 분자간 응집을 방지하는 데도 크게 기여하는 것으로 알려져 드링크 요구르트, 유산균 음료 등의 유제품에 많이 활용된다.

(3) 오렌지주스를 가공할 때는 펙틴 물질이 적당한 탁도와 점성을 유지시켜 준다.

일반적으로 오렌지주스는 일정 정도의 탁도가 유지되는 제품을 선호하는데 그러기 위해서 저온 살균보다 약간 높은 온도로 살균한다. 그렇게 되면 펙틴을 분해시키는 효소인 펙티나아제가 파괴되어 펙틴이 주스의 탁도를 안정화되게 한다. 한편 사과주스나 포도주스는 맑은 것을 더 선호하므로 펙틴을 분해시키는 효소인 펙티나아제를 가하여 주스의 점성을 감소하게 하고 여과를 용이하게 한다.

실험 20

설탕 함량에 따른 오렌지 소스의 특성

목적 오렌지 소스는 시럽을 기초로 하는 파생 소스의 하나로 애피타이저, 메인 그리고 디저트 등에 다양하게 사용된다. 그러나 오렌지 소스는 조리하는 각 환경에 따라 다른 양의 설탕을 첨가함으로써 일정하지 않은 색과 질감의 변화를 가져오게 된다. 결국 맛, 색, 질감, 퍼짐성이 일정치 않은 오렌지 소스가 만들어져 용도에 맞지 않는 소스로 이용된다.

이에 설탕 함량의 변화에 따른 오렌지 소스가 나타내는 관능적 특성을 알아보고 설탕이 소스 생성에 미치는 영향을 알아보도록 하자.

준비물 백설탕, 오렌지, 식초, 버터, 만다린 캔, 마요네즈, 소금, 오렌지주스, 월계수잎

미싱볼, 휘핑기, 둥근 나무주걱, 냄비, 나무주걱, Apparent Viscosity test ring, 온도계

실험 20 설탕 함량에 따른 오렌지 소스의 특성 비교

아래의 배합비로 오렌지 소스를 만들어 이들 소스들의 특성을 관능검사에 의해 알아보고, 겉보기 점도 방법으로 각 설탕함량에 따른 오렌지 소스의 퍼짐성을 비교해 보도록 하자.

오렌지 소스 레시피

	오렌지 (g/개)	오렌지주스 (g)	만다린 (g)	설탕 (g)	월계수잎 (개)	마요네즈 (g)	버터 (g)	식초 (g)	소금 (g)
I	130	300	450	200	1	600	180	20	10
II	130	300	450	300	1	600	180	20	10
III	130	300	450	400	1	600	180	20	10
IV	130	300	450	500	1	600	180	20	10
V	130	300	450	600	1	600	180	20	10

오렌지 소스 만들기

① 만다린을 블렌더에서 갈아준다.
② 오렌지를 반으로 자른다.
③ 냄비에 오렌지주스 오렌지, 만다린, 설탕, 월계수 잎을 넣고 20분간 중불에서 끓인다.
④ 오렌지, 월계수 잎을 꺼내고 다시 중불(87~90℃)에서 1시간 서서히 끓인다.
⑤ 시누아를 이용해 오렌지 소스를 거르고, 40~50℃로 식힌다. (1차 소스)
⑥ 1차 소스에 마요네즈, 버터, 식초, 소금을 넣는다.
⑦ 볼에 있는 모든 재료를 휘핑기로 잘 저으면서 서서히 식힌다. (2차 소스)

실험 표 20-1 설탕함량 차이에 따른 오렌지 소스의 관능적 특성과 퍼짐성 비교

	I	II	III	IV	V
색					
외관(윤기)					
질감: 입안에서					
질감: 눈으로 볼 때					
맛					
퍼짐성					

관능검사 시 각 항목에 대해 5점 척도에 의해 특성을 비교하자(5 - 매우 좋다, 4 - 좋다, 3 - 보통이다, 2 - 나쁘다, 1 - 매우 나쁘다).

과제

1 여러 관능검사원의 자료를 모아 설탕함량에 따른 색, 윤기, 질감, 맛 및 퍼짐성에 대한 그래프를 그려 보자.
2 설탕함량에 따른 특성이 1차 소스와 2차 소스일 때 어떤 차이를 보이면서 변하는지 변화 경향을 그림으로 그려보자.
3 오렌지 소스를 사용하는 다양한 음식 레시피를 찾아보고, 색이 음식에 미치는 영향에 대해 연구해 보자.

제6장

단백질과 조리

1. 단백질의 특성과 조리에의 응용

단백질은 여러 아미노산이 펩타이드 결합에 의해 연결되어 있는 고분자 유기화합물로, 자연계에 존재하는 아미노산은 약 200여 종이지만 그중 약 20여 종의 아미노산이 단백질을 구성한다. 단백질의 영양가와 관능적 품질 특성은 구성하는 아미노산의 종류, 아미노산의 조성 및 배열, 그 외의 구성성분 등에 따라 종류가 달라지고 조리 중 다양성이 생겨난다.

2. 조리 중 일어나는 단백질의 변화

1) 단백질의 변성

단백질의 변성은 단백질의 고차 구조를 유지하는 결합이 끊어져 원래의 상태와 다른 구조로 변형되어 변하는 현상을 말하며, 변성이 일어나면 원래 단백질이 가지고 있던 성질을 잃어버리게 된다. 이같이 단백질을 변성시키는 주요 요인은 가열, 동결, 건조 등의 물리적 작용과 산, 알칼리, 염류 등의 화학적 작용으로 구분할 수 있다.

- 가열 : 육류, 어패류, 달걀 등은 60~70℃로 가열하면 응고한다. 단백질의 가열에 의한 변성은 pH에 의해서도 영향을 많이 받는데 변성은 등전점에서 가장 잘 일어난다. 즉 생선을 조릴 때 식초를 넣어주면 pH가 낮아져 등전점에 가까워지므로 살이 빨리 단단해진다.
- 산과 알칼리 : 우유를 발효시키면 유산에 의해 pH가 저하되어 카제인이 등전점에 도달하여 변성, 침전하는데 이를 이용하여 치즈나 요구르트와 같은 유제품을 제조한다.
- 금속 : 두유를 제조할 때 간수의 칼슘이나 마그네슘에 의한 응고나 과일을 설탕 절임할 때 백반을 넣으면 알루미늄이 재료 중의 단백질을 응고시켜 조릴 때 형태가 잘 유지되는 원리이다.
- 효소 : 우유에 응유효소인 레닌을 첨가하면 수용성의 카제인이 분해되어 파라카제인이 형성되는데 이것이 우유속의 칼슘이온과 결합하여 불용성의 칼슘파라카제이네이트를 형성함으로써 치즈를 만든다.

2) 단백질의 분해

단백질은 단백질 분해효소에 의해 가수분해된다. 이와 같이 식품 중의 단백질이 식품 자체에 가지고 있는 단백질 분해효소에 의하여 가수분해되는 것을 자가소화라고 한다. 육류 및 생선은 신선한 것보다 어느 정도 시간이 경과하여 자가소화에 의해 아미노산 등이 유리되면 맛이 더욱 좋아진다. 그러나 자가소화된 단백질은 미생물이 번식하기 쉬우므로 부패가 빨리 진행된다.

3. 식물성 단백질의 조리

1) 콩을 가공한 식품

두유와 두부는 오래전부터 우리나라의 음식 조리에 많이 사용하는 식품이다. 특히 두유는 콩국 형태로 여름 음료로 이용되어 왔으며 우유에 과민성이 있는 유아의 우유 대용식품으로 중요한 위치를 차지하고 있다.

콩의 주된 단백질인 glycine은 열에 안정하나 금속염과 산에 불안정하여 곧 응고, 침전한다. 두부는 이 성질을 이용하여 제조된 것으로, 소화성도 우수하고 특유한 맛과 탄력 있는 질감을 갖고 있어서 우리 기호에 맞는 식품이다.

2) 밀을 가공한 식품

국수의 질감은 밀가루의 글루텐이 갖는 조직감에 의해 많은 영향을 받는다. 또한 국수의 조리과정에서 전분의 호화정도도 조직감에 영향을 주게 된다.

밀가루의 단백질은 gliadin과 glutenin이며, 모두 타원형으로 생겼는데 좀 더 긴 사슬 모양을 한 glutenin이 겹쳐서 헐거운 실 모양을 하고, 약간 둥글둥글한 모양을 가진 gliadin이 몇 개씩 모여 사이사이에 끼여 만들어진다. 이것은 50~60%의 물을 가하여 반죽하면 밀가루에 존재하는 gliadin과 glutenin

국수 삶기

국수 삶는 목적은 전분의 호화, 단백질의 응고, 조직의 연화, 불미성분의 용출이다. 이러한 목적을 만족하며 면을 잘 삶으려면 그 중량의 5~7배 물이 필요하다.

삶는 시간은 국수의 수분함량, 재료의 질, 국수의 굵기, 용도 등에 따라 다르다.

삶은 후 튀긴다거나 볶는다거나 또는 끓이는 등 재가열을 할 때에는 조금 단단하게 삶는다. 또한 국수가 익으면서 전분 층에 의해 냄비 밑에 눌어붙은 경우가 있으므로 때때로 저어주도록 한다.

삶은 국수는 물을 버리고 난 후 그대로 두면 서로 부착되므로, 냉수로 잘 씻어서 표면의 전분립을 제거하도록 한다. 그러나 마카로니는 씻으면 질척해져서 맛이 없으므로 삶은 물을 버린 즉시 다음의 조리조작을 하도록 한다. 때로 그냥 방치해 두어야 하는 경우에는 버터나 샐러드유를 묻혀 두면 좋다.

이 물과 결합하여 3차원 망목구조의 gluten이 형성된다. 반죽을 오래하면 오래할수록 질기고 점성이 강한 gluten이 형성된다.

이 gluten 그물눈 사이에 전분, 지방입자가 끼어 벽을 형성하고 벽 사이에 많은 공기와 gas을 보유하고 이러한 상태로 응고할 때까지 팽창할 수 있다.

실험 21

두부를 연하게 조리하는 방법

목적 두부를 조리할 때 조리하는 물 가운데 염분의 유무와 농도에 따라 조리된 두부의 경도에 어떠한 차이가 있는가를 알아보고 두부를 연하게 조리하는 방법을 알아보도록 한다.

준비물 두부, 새우젓, curdmeter, 일반 조리기구

실험 21 새우젓국 첨가 방법에 따른 두부의 연도 비교 실험교

1) 두부를 50g씩 2군으로 나누고 2×2×2cm의 크기로 썬다.
2) 냄비에 물 100mL을 넣고 가열하다가 끓으면 두부 50g을 넣고 10분간 더 끓인 후 2ts의 새우젓국을 넣고 5분간 가열한다. ……… (A)
3) (A)와 같이 하되 물 100mL에 새우젓국 2ts을 넣고 가열하다가 끓으면 두부를 넣은 다음 15분간 더 가열한다. ……… (B)
4) (A)와 (B)를 먹어보고 연한 정도를 비교하는데, 가능하면 curdmeter와 같은 기기를 사용하여 측정하면 더욱 좋다.

실험 표 21-1 염분 처리방법에 따른 두부의 질감비교

처리방법	연한 정도*	맛**
A		
B		

*, **묘사법

과제

1 두부와 두유를 언제부터 이용하였는지 알아보자.

2 콩을 이용한 가공식품의 종류와 이들이 갖는 영양성분을 비교하여 보자.

3 두부는 연한 식품으로 조리조건에 의해 질감이 달라질 수 있는 영향인자가 많다. 조리 중 부재료에 의한 영향은 어떤 것이 있는지 알아보자.

4 다음은 두부젓국찌개를 만드는 표준조리법이다. 두부젓국찌개의 재료 중 두부의 연한 정도를 증가시킬 수 있는 것은 어떤 것인지 알아보자.

두부젓국찌개 만들기

재료 두부 50g, 굴 30g, 홍고추 1/4개, 새우젓 1/2Ts, 실파 5g, 마늘 1쪽, 참기름 1/4ts

만드는 법

① 두부는 2×3×1cm, 실파는 3cm 길이로 자른다.
② 굴은 연한 소금물에 흔들어 껍질을 골라낸다.
③ 홍고추는 0.5×3cm 크기로 썬다.
④ 냄비에 물을 붓고 소금으로 약한 간을 맞춘 뒤 끓으면, 두부를 넣고 잠깐 끓인다. 굴, 실파, 홍고추를 넣은 뒤 새우젓국으로 간을 맞춘다.
⑤ 불을 끄고 참기름을 떨어뜨린다.

실험 22

국수의 조리조건에 따른 질감과 맛에 관한 실험

목적 국수를 가공하는 과정에서 가공방법의 차이, 조리방법에 따라 필요한 수분량과 조리시간이 달라진다. 국수 삶는 방법에 따른 국수의 외관, 질감, 맛의 차이 비교를 통해 조리방법을 정확히 알도록 하자.

준비물 소면, 우동면, 자장면, 스파게티면, 라면, 냉면, 당면, 소금, 일반 조리기구, 저울

실험 22-1 여러 가지 국수류의 조리-액체량, 조리시간 및 맛의 비교

동일한 크기의 용기에 국수량의 6배(300mL)에 해당하는 물을 넣어 끓이다가 각각의 국수 일정량(50g)을 넣고 끓여 국수를 조리한다.

각각의 면이 익는 시간은 다르지만 조리 후, 즉시 찬물에 헹구어 각각의 중량 증가율과 질감, 맛을 조사하라.

실험 표 22-1 여러 가지 국수류의 조리에 따른 중량 증가율, 질감, 맛의 비교

사용 국수	조리시간(분)	총 가수량(mL)	조리 후 무게(g)	중량 증가율(%)	질*	맛**
소면						
우동면						
짜장면						

사용 국수	조리시간(분)	총 가수량(mL)	조리 후 무게(g)	중량 증가율(%)	질*	맛**
스파게티						
라면						
냉면						
당면						

*묘사법 : 부드럽다, 연하다, 쫄깃쫄깃하다, 찐득찐득하다
**채점척도법(7점척도법)

실험 22-2 국수 조리 시 호화방법에 따른 국수의 질감특성 비교

각각의 국수류 50g과 소금물 3C(물 3C+소금 1/2ts)을 이용하여 다음의 두 가지 방법으로 조리한다.

방법 1 ① 끓는 소금물에 국수를 천천히 넣는다.
② 뚜껑을 열고 계속 가열한다.
③ 3~7분 정도 끓여 완전히 익었는지를 확인하고, 부드러워지면 즉시 물을 따라 버리고 찬물로 헹군다.

방법 2 ① 끓는 소금물에 국수를 넣는다.
② 끓으면 가끔 저으면서 2분간 가열한다.
③ 불에서 내리고 뚜껑을 덮은 채로 10분간 방치한다.
④ 물을 버리고 찬물로 헹군다.

끓는 물에 국수를 넣어 익으면 물을 따라 버리고 찬물로 즉시 헹군 다음 삶은 후의 국수 양, 조리시간, 및 질감을 평가한다.
잘 익은 국수는 씹어 눌러보았을 때 약간의 저항력이 있어 쫄깃하며, 생전분 맛이 없어야 한다.

실험 표 22-2 조리방법이 국수의 조리시간과 질감에 미치는 영향

국수 종류	처리 방법	중량 (g)	물 (C)	부피(C)		조리시간 (분)	질감*
				삶기 전	삶은 후		
소면	방법1						
	방법2						
우동면	방법1						
우동면	방법2						
짜장면	방법1						
	방법2						
스파게티	방법1						
	방법2						
냉면	방법1						
	방법2						
당면	방법1						
	방법2						

*묘사법

과제

1 각각의 국수를 이용하여 조리되는 음식의 레시피를 2개씩 조사하여 이때 면 처리방법이 어떻게 다른지 비교해 보라.

2 소면, 중화면, 우동면, 스파게티, 냉면, 당면 등의 제조방법상의 특색을 조사하고, 이들 제조방법에 따른 국수 삶는 방법을 연구하여 비교하라.

실험 23

반죽횟수가 biscuit의 관능적 특성에 미치는 영향

목적 밀가루에 물을 가해 반죽했을 때 단백질의 역학적 변성이 일어나며, 망상을 형성하는 단백질인 gluten을 함유하게 된다. 반죽에서 gliadin은 탄성을, glutenin은 강도를 강하게 하는데, 반죽하는 조건에 따라 달라지는 gluten의 형성과 차이를 비교한다.

준비물 소면, 우동면, 자장면, 스파게티면, 라면, 냉면, 당면, 소금, 일반 조리기구, 저울

실험 23 biscuit 반죽 횟수에 따른 biscuit의 외관, 조직감, 맛의 차이 비교

basic biscuit 만들기

재료 중력분 240g, 버터 75g, 우유 90g, 소금 2g, 베이킹파우더 6g

만드는 법

① 중력분, 소금, 베이킹파우더를 함께 체에 친다.
② 여기에 버터를 잘게 잘라 넣는다.
③ 우유를 가하고 반죽이 되직하게 될 때까지 섞어 준다.
④ 반죽을 4등분한 다음 그중 1개에 밀가루를 약간 뿌린 도마 위에서 두께가 일정하도록 밀어 2개의 biscuit을 만든다. Biscuit의 높이를 재고 스파튤라로 팬에 옮긴다.
⑤ 나머지 3개의 반죽을 손으로 각각 20회, 40회, 80회 치댄 후 위에서와 같이 일정한 두께로 밀어 biscuit을 만든다.
⑥ 210℃에서 굽는다.

실험 표 23-1 반죽횟수가 biscuit의 관능적 특성에 미치는 영향

반죽횟수	외관*			내부*		연한 정도**	풍미***
	겉껍질	모양	높이	색깔	층생김		
0회							
20회							

반죽횟수	외관*			내부*		연한 정도**	풍미***
	겉껍질	모양	높이	색깔	층생김		
40회							
80회							

*외묘사법
**순위법
***묘사법

과제

1 biscuit과 cookie의 차이를 알아보자.

2 빵과 biscuit의 차이를 알아보자.

3 yeast bread와 quick bread의 차이를 알아보자.

실험 24

밀가루 종류에 따른 탄성과 wet gluten 포함률(%) 및 제빵성의 비교

목적 밀가루의 특수한 성질은 주로 gluten이라는 단백질에 의하여 지배되는데 이 성질은 소맥분의 가공이나 조리에 중요한 역할을 하고 있다. 밀단백이 갖는 점착성, 탄성 및 글루텐에 의한 부풀림 특성 등 특수한 성질에 의해 나타나는 기능성을 알아보기로 하자.

또한 글루텐 함량이 서로 다른 밀가루에서 글루텐을 분리 채집하여 그들 함량에 따른 제빵에서의 망목 형성 등 기능 차이를 비교하여 보자.

준비물 밀가루(박력분, 중력분, 강력분), 소금, 밥풀떼기, Balance, 오븐, 기름종이, section note, 1L 비커, 거즈cheese cloth, 포스터컬러 물감 3종류, 한지(7×7cm)

실험 24-1 밀가루 종류에 따른 탄력성 실험

밀가루 종류를 같은 조건으로 전처리 한 후 탄력성 차이를 비교하여 보자.

1) 밀가루(박력분, 중력분, 강력분) 100g에 0.5% 소금 용액 50mL를 붓고 재빨리 뭉쳐 반죽한 다음 양손으로 잡아 당겨 탄성을 본다.
2) 1)의 반죽을 20번을 더 치댄 다음 탄성의 변화를 관찰한다.
3) 다시 20번을 더 치댄 다음 그 탄성 변화를 관찰한다.
4) 반죽을 고운 발의 젖은 헝겊으로 싸서 각각 15분간 방치해 놓았다가 꺼내서 탄성을 관찰한다. 이때 중량과 부피를 측정한다.

실험 24-2 wet gluten/dry glutem 포함률(%) 실험

각각의 밀가루 종류에 포함되어 있는 젖은 gluten의 함량을 산출하고 마른 gluten의 함량을 비교하라.

5) 반죽을 다시 고운 헝겊에 싸고 이것을 흐르는 물에서 맑은 물이 나올 때까지 씻어 전분을 흘려보낸 후 gluten을 채취한다.

6) 얻은 gluten의 물기를 빼고 중량 및 부피를 측정한 다음 각각의 밀가루의 wet gluten 포함률(습부율)(%)을 산출한다.

$$\text{wet gluten 포함률(\%)} = \frac{\text{젖은 글루텐의 중량(g)}}{\text{밀가루 중량(g)}} \times 100$$

7) 각각의 gluten balls을 여과지(유지) 위에 놓고 250℃에서 20분 구워 낸다.

8) 구워진 글루텐 볼의 무게를 측정하여 dry gluten 포함률(건부율, %)을 산출한다.

실험 24-3 부피팽창 실험

gluten 팽창성이 각 밀가루에 따라 어떻게 달라지는지 관찰 비교하라.

1) 용량을 아는 비커에 구워진 각각의 gluten balls을 넣고 나머지는 밥풀떼기나 종자로 채운 후 채종법에 의해 부피 팽창을 측정한다.

실험 24-4 내부의 Pore size 관찰 실험

gluten이 형성한 망목구조가 밀가루에 따라 어떻게 다른지 비교 관찰하라.

1) gluten이 식은 후 칼로 반을 조심스럽게 잘라서 내부 구조를 관찰한다.

2) 형성된 망목구조 단면을 3가지 색의 포스터컬러 물감을 찍어 한지 위에 찍어보고 network 모양과 조밀도를 관찰하자.

실험 표 24-1 밀가루 종류에 따른 dough의 탄력성, wet gluten 함량 및 부피 팽창 실험

밀가루 / 항목	박력분	중력분	강력분
치대지 않은 반죽의 탄성			
20번 치댄 후의 반죽의 탄성			

항목 \ 밀가루	박력분	중력분	강력분
40번 치댄 후의 반죽의 탄성			
15분간 방치 후의 반죽의 탄성			
처음 반죽한 상태의 중량/부피			
wet gluten 상태의 중량/부피			
구운 후의 부피			
wet gluten 포함률(%)			
dry gluten 포함률(%)			
부피 팽창률(%)			

과제

1 각각의 실험치를 측정하고 그 값을 적어라.

2 그림으로 그리거나 부피를 계산해야 할 것은 나타내도록 하라.

3 밀가루의 기능성에 대해 연구하여 자료를 조사하라.

4 Pore size를 나타낼 수 있는 방법을 이용하여 그 모양을 찍어보도록 하고 이를 gluten의 함량과 연관하여 논하여 보라.

실험 25

응고제 종류가 두부의 관능적 특성에 미치는 영향

목적 콩에서 추출된 두유에는 수용성 단백질이 많아 염용액인 간수 또는 산용액에 의해 응고되어 겔을 형성하는 성질이 있으며 이를 두부 제조에 사용하고 있다.

두부를 제조할 때 응고제 종류와 응고제 사용량을 달리하여 두부를 만들고, 이들 응고제가 두부의 색, 질감, 맛에 미치는 영향에 대해 평가한다.

준비물 대두 300g, 염화칼슘($CaCl_2$) 2g, 황산칼슘($CaSO_4$) 2g, 식초 20g, 식용유 약간

블랜더, 체 또는 헝겊, 주걱, 두부 성형틀, 칼, 일반 조리기구

실험 25 두유 추출과 응고제 차이에 의한 두부의 수율 비교

콩을 처리하여 두유를 만들고 이때 응고제를 달리하여 두부를 만든 후 형성된 두부의 무게를 측정한 후 원료 대두의 무게로부터 수율을 계산한다.

두유 추출과 두부 응고시키기

① 대두 100g을 깨끗이 씻은 후 3배 용량의 물을 가하고 하루 밤 수침시킨다.

② 원래 대두 무게의 11~13배 물을 미리 준비하여 콩을 갈 때와 응고제를 용해시킬 때 사용한다.

③ 분쇄기에 충분히 불린 콩과 물을 적당히 나누어 넣고 5분간 마쇄한 후 큰 냄비에 붓고 저어가면서 가열한다. 끓기 시작하면 거품이 생겨 넘치기 쉬우므로 식용유 1~2ts를 넣고 계속 가열한다.

④ 고운체나 헝겊으로 즉시 걸러 콩국과 비지를 분리한다.

⑤ 비지와 분리한 콩국이 75~90℃로 식으면 응고제를 3~4회로 나누어 서서히 가한다. 큰 주걱으로 조심스럽게 섞어 준 다음 5~6분 정도 방치하여 황갈색의 맑은 용액이 분리되면 두부가 응고된 것이다.

⑥ 응고물을 '십자, +'자로 자르고 2~3분가량 방치한 후 헝겊을 깐 성형틀에 붓는다.

⑦ 물이 빠지면 응고물 위를 헝겊으로 덮고 무게를 가하여 성형시킨다.

⑧ 즉시 찬물 속에 담가 식으면 헝겊을 벗겨내고 적당한 크기로 자른 후 1~2시간 동안 방치하여 여분의 응고제를 용출시킨다.

응고제의 종류 및 첨가 시 콩국의 온도

방법 1 : 콩국이 75~85℃로 식으면, 원료 대두 중량의 2%(w/w, 2g)의 $CaCl_2$를 물에 용해시켜 사용한다.

방법 2 : 콩국이 80~85℃로 식으면, 원료 대두 중량의 2%(w/w, 2g)의 $CaSO_4$를 물에 용해시켜 사용한다.

방법 3 : 콩국이 90℃가 되면, 원료 대두 중량의 20%(v/v)의 식초를 가한다.

$$\text{수율}(\%) = \frac{\text{두부의 무게(g)}}{\text{원료 대두의 무게(g)}} \times 100$$

실험 표 25-1 응고제에 따른 두부의 관능적 특성 및 수율

응고제의 종류	자른 단면*	색깔*	맛**	질감***	수율(%)
방법 1 ($CaCl_2$)					
방법 2 ($CaSO_4$)					
방법 3 (식초)					

*묘사법 : 거친, 부드러운, 구멍이 있는, 치우쳐 있는 등

**채점법 : 5-아주 좋다, 1-아주 나쁘다

***순위법(부드러운 순서로)

과제

1 두부의 응고제로 사용된 간수란 어떤 과정을 거쳐서 만들어지며, 이들 성분은 무엇인지 조사해 보자.

2 두부의 질감을 다양하게 만들기 위해 응고방법도 조절할 수 있다. 어떻게 할 수 있는지 조사하라.

3 두부를 이용하는 요리에는 어떤 것들이 있으며, 이들이 갖는 영양적 효과를 어떻게 평가할 수 있는가?

실험 26

팽창제 첨가와 조리방법에 따른 개성약과의 질감 특성

목적 우리나라의 병과류는 맛과 질감 및 재료의 선택에서 매우 우수한 음식문화이다. 이들의 제조과정에서 전처리에 의해 매우 다양한 질감이 만들어질 수 있는 특성을 가지고 있다. 대개 수작업을 거치게 되는 병과류의 질감 차이는 재료의 식품학적 특성을 물리적 방법을 응용해 전처리 조작함으로써 잘 살려낸다.

대표적인 유밀과인 약과는 만드는 과정에서 밀가루와 기름, 꿀의 재료 특성을 잘 살린 음식이다. 약과의 질감과 집청의 흡수효과를 잘 나타나게 하는 방법에 대해 알아보자.

준비물 밀가루, 설탕, 꿀, 베이킹파우더B.P., 참기름, 식용유, 술(정종), 잣, 생강

체, 밀방망이, 대꼬챙이, 일반 조리기구

실험 26 팽창제와 물리적 특성 변화에 따른 개성약과의 질감 변화

개성약과 만들기

재료

1. 시럽 : 설탕 1½C, 물 1½C
2. 가루 만들기 : 밀가루 1¾C, 설탕 4ts, B.P. ¼ts
3. 가루 반죽하기 : 참기름 1¾Ts, 식용유 ¾Ts, 술(정종) ¾Ts, 시럽 1½Ts
4. 집청꿀 만들기 : 집청꿀 1(시럽 1C, 꿀 1Ts), 집청꿀 2(시럽 ¾C, 꿀 1Ts, 생강 건더기 1ts, 잣가루 1Ts)

만드는 법

① 설탕, 물을 두꺼운 냄비에 붓고 은근한 불로 걸쭉하게 끓여 식힌다(시럽).

② 밀가루에 설탕, B.P.를 솔솔 뿌려 고루 섞어 체에 내린다.

③ ②의 가루에 참기름과 식용유를 넣고 고루 섞어 체에 내린다.

④ ③에 술을 넣어 엉길 정도로 섞어 반죽한다.

⑤ ④에 시럽을 섞어 뭉쳐질 정도로 반죽을 한다. 이때 너무 주무르지 말고 그냥 꼭꼭 뭉쳐 도마에 놓고 밀대로 0.8×3×3cm 마름모꼴로 썰어 대꼬챙이로 구멍을 서너 군데 뚫어 둔다.

⑥ 기름이 약간 끓을 때 썬 것을 넣어 서서히 튀긴다. 처음에는 가라앉았다가 다시 뜬 다음 다시 내려가면서 색이 노르스름하게 잘 부풀면 다 익은 것이다.

⑦ 다 튀겨진 것은 1차 집청하여 찌– 하면서 스며들게 한 후 다시 2차 집청을 한다.

⑧ 그릇에 담고 잣가루를 뿌린다.

1) 다음과 같이 제조조건을 달리하여 제조하여 보자.

R 그룹 : 베이킹파우더를 첨가하되 밀가루를 가볍게 쥐어 반죽한다.

A(425) 그룹 : 베이킹파우더를 첨가하되 밀가루를 힘주어 10회 이상 반죽한다.

B(237) 그룹 : 베이킹파우더를 첨가하지 않고 밀가루를 가볍게 쥐어 반죽한다.

C(716) 그룹 : 베이킹파우더를 첨가하지 않고 밀가루를 힘주어 10회 이상 반죽한다.

2) 각 조건에 맞게 표준 약과(R)와 조건이 다른 약과(A, B, C)를 만들어 관능검사를 통해 제조방법에 따른 차이점을 비교하여 보자.

〈참고〉 관능검사지를 미리 개발하여 보고자 하는 항목을 개발해 둔다.

제조 조건에 따른 개성약과의 경도 조사에 관한 연구

이름 : 날짜 :

R로 표시된 표준 시료와 3개의 실험재료가 당신 앞에 놓여 있습니다.
각각의 시료를 맛보고 표준시료에 비해 각각의 관능검사 항목에 맞게 평가하시오.

평가항목	시료번호		
	425	237	716
〈경도 비교〉			
R보다 단단하다.	____	____	____
R과 같다.	____	____	____
R보다 물렁물렁하다.	____	____	____
〈차이의 정도〉			
없다.	____	____	____
약간 있다.	____	____	____
보통이다.	____	____	____
많다.	____	____	____
극도로 많다.	____	____	____

〈의견〉

실험 표 26-1 약과의 제조 조건에 따른 경도 및 표준시료와의 비교

관찰내용 \ 실험조건		R	A(425)	B(237)	C(716)
	베이킹파우더 첨가	○	○	X	X
	Gluten 형성	X	○	X	○
경도 비교*					
입안에서의 촉감**					
외관/모양 관찰***					

*순위법(부드러운 질감을 기준으로)
**묘사법
***묘사법

과제

1 한국의 병과를 만드는 방법 중 제조 조건에 따라 질감, 맛, 특성이 달라질 수 있는 음식을 찾아 제조 조건의 표준화나 개량이 필요한 것은 어떤 것인지 종류와 방법을 알아보자.

2 유밀과를 만드는 방법에서 질감의 차이는 어디에서 오는지 알아보자.

실험 27

제조방법을 달리하여 만든 quick bread의 특성 조사

목적 밀가루의 주된 단백질인 gluten은 젓거나 반죽하는 조작에 의해 망상구조를 형성하여 고유의 질긴 질감을 나타낸다. 질감 특성이 중요한 quick breads의 재료 혼합방법과 젓는 횟수를 달리하여 muffin을 만들어 180℃ 오븐에서 구운 후 질감, 외관 및 맛을 평가한다.

준비물 밀가루(중력분), 소금, 베이킹파우더, 달걀, 우유, 설탕, 버터
일반 조리기구, 체, 오븐

실험 27 제조방법을 달리하여 만든 quick bread의 질감m비교

아래의 재료와 방법을 이용하여 muffin을 만들어 보자.
각 방법에 다른 muffin의 맛과 구워진 모양, 질감, 풍미 등의 관능검사를 하여 보자.

muffin의 기본 재료
중력분 2C, 소금 ½ts, 베이킹파우더 1Ts, 달걀 1개, 우유 1C, 설탕 2Ts, 녹인 지방/식용유/버터(biscuit법의 경우) 2Ts

방법 1(muffin 법)

① 중력분, 소금, 베이킹파우더 및 설탕을 함께 체에 친다.
② 달걀은 난황과 난백이 섞이도록 고루 젓는다.
③ 달걀 푼 것과 우유, 지방 녹인 것 등 액체 재료를 함께 섞는다.
④ 체 친 마른 재료와 액체 재료 혼합물을 합하고 약 1/3분량씩 나눈다. 이를 각각 15회, 25회 60회씩 저어준 후 muffin 팬에 담는다.
⑤ 180℃로 미리 가열해 둔 오븐에서 굽는다.

방법 2(biscuit 법)

① 중력분, 소금, 베이킹파우더 및 설탕을 함께 체에 친다.

② 마른 재료에 버터를 넣고 버터가 매우 작은 조각이 될 때까지 포크 등으로 잘라 준다.

③ 달걀은 난황과 난백이 섞이도록 고루 젓는다.

④ 달걀 푼 것과 우유를 섞어 위의 마른 재료와 버터 혼합물에 넣고 약 1/3분량씩 나눈다. 이를 각각 15회, 25회, 60회씩 저어준 후 muffin 팬에 담는다.

⑤ 180℃로 미리 가열해 둔 오븐에서 굽는다.

실험 표 27-1 혼합방법과 젓는 횟수가 muffin의 관능적 특성 및 내부 구조에 미치는 영향

혼합방법 및 젓는 횟수		외관				내부 구조[5]	연한 정도[6]	풍미[7]
		겉껍질[1]	광택[2]	모양[3]	표면[4]			
방법 1	15회							
	25회							
	60회							
방법 2	15회							
	25회							
	60회							

1. 묘사법 : 점점이 퍼진듯하다(spotted), 균일하다(even)
2. 묘사법 : 희미하다(pale), 크림색이 난다(creamy), 밝은 갈색이다(light brown), 짙은 갈색이다(dark brown) 반짝거리는지, 흐릿한지 등
3. 묘사법 : 대칭형인지, 둥근모양인지, 치솟은 형태인지, 한쪽으로 기울었는지
4. 묘사법 : 결이 거친지, 부드러운지
5. 묘사법 : 균일하게 구멍이 있는지, 터널처럼 생겼는지, 구멍이 있는지
6, 7. 채점법 : 5점법

과제

1 가루제품을 만들 때 건조 재료와 습재료의 mixing 방법에 따른 차이가 구운 후의 제품에 어떤 차이를 가져오는지를 말하라.

2 가루제품을 만들 때 이용되는 각 재료가 어떤 특성을 주는지 알아보자.

4. 동물성 단백질의 조리

1) 육류의 조리 중 변화

(1) 보수성

육류단백질에 함유되어 있는 대부분의 수분은 유리수로 존재하는데 고기를 가열하여 내부온도가 상승하면 단백질이 응고되면서 조직이 수축하여 유리수로 존재하는 수분이 빠져나온다. 또한 이때 지방은 액화되어 지방세포로부터 추출되어 고기를 조리하면 수분과 지방의 손실로 중량이 감소한다.

고기의 내부온도가 높으면 수분의 손실로 중량과 크기가 감소하므로 고기를 가열할 때 되도록 낮은 온도로 가열하는 것이 육즙의 손실도 적고 부드럽게 한다.

(2) 가열에 의한 변화

고기의 연한 정도는 근육 중의 결합조직의 양, 근육단백질의 수화량, 근섬유의 양, 근육 내의 지방량 등에 의해 영향을 받는다.

결합조직인 콜라겐을 물에서 가열하면 수용성인 젤라틴으로 변하므로 질긴 부위의 고기를 물에서 가열하면 연해진다.

(3) 육류의 연화

육류의 결합조직 단백질의 함량에 따라 연한 정도가 달라진다. 결합조직의 양이 적은 어린 동물의 고기가 더 연하고, 같은 고기라도 운동량이 많은 목, 다리 등은 운동량이 적은 등심, 안심, 갈비 등에 비해 질기다. 따라서 질긴 고기를 조리할 때 여러 가지 연화방법을 활용하여 연하게 할 수 있다.

즉 숙성, 기계적 방법, 효소에 의한 처리, 가열, 산, 염류 및 당의 이용을 할 수 있다.

실험 28

달걀의 부위와 우유 종류가 커스터드 응고 상태에 미치는 영향

목적 달걀은 노른자, 흰자로 구성되어 있으며 이들은 각각의 성분 특성이 다르다. 달걀단백질은 열에 의해 응고되는데, 이때 난백과 난황의 열 응고온도가 달라 응고에 걸리는 시간이 달라진다.

달걀의 응고는 당, 산, 염류 등에 의해 영향을 받게 되는데, 음식에 따라 이같은 성분 외에 조리 시 재료의 구성성분에 의해 영향을 받을 수 있다.

커스터드 조리 시 커스터드의 품질에 미치는 영향을 식품에 대해 알아보자.

준비물 달걀 9개, 우유 4C, 무당연유 1C, 탈지분유 13g, 설탕 1C, 소금, 바닐라향
커스터드 컵, 일반 조리기구

실험 28 달걀 부위와 우유 종류에 따른 커스터드 응고성 관찰

커스터드의 식재료 배합을 달걀의 사용 부위 및 우유의 종류를 각각 다르게 하여 커스터드를 만들고 그 외관, 맛, 경도를 비교한다.

커스터드 만들기

재료 우유 1C, 바닐라 향 1/2ts, 설탕 2Ts, 달걀 1개, 소금 약간

만드는 법

① 우유를 뜨겁게 데운다.
② 설탕, 소금, 달걀을 함께 잘 섞는다.
③ 향료를 넣고 커스터드 컵에 ②를 붓고 뜨거운 물이 든 팬에 커스터드 컵을 넣는다.
④ ③을 180℃의 오븐에서 30~40분간 중심부가 응고할 때까지 익힌다.

실험 표 28-1 달걀의 부위와 우유 종류에 따른 커스터드 응고 상태

시료	내용물		외관**	맛***	경도****
	달걀 부위	우유 종류			
A	전란 1개	전유			
B	난황 2개	전유			
C	전란 난황 각 1개	전유			
D	난백 2개	전유			
E	전란 1개	무당연유			
F	전란 2개	탈지분유			

*탈지분유의 재생은 물 100mL당 탈지분유 13g을 첨가할 것(전유 농도로 희석할 것)
**묘사법 : 흐물거리는지, 단단한지, 매끈거리는지, 구멍이 뚫렸는지 등
***순위법
****순위법(단단한 순서로) : 입안에 넣어보고, 손으로 만져보아 측정

과제

1 커스터드 푸딩에는 달걀과 우유의 어떤 성질이 이용되었는지 조사하자.

2 달걀의 난황과 난백, 또는 전란이 갖는 식품학적 특성에 대해 알아보자.

3 다음은 커스터드 푸딩을 만드는 방법이다. 남은 재료를 이용한 left over로서 아래 재료의 분량으로 만들어 보자.

커스터드푸딩(Custard pudding) 만들기

재료 우유 1컵, 달걀 2개, 난황 2개, 설탕 1Ts, 바닐라향 1ts, 소금 약간
*캐러멜용: 설탕 90~100g, 찬물 5Ts, 레몬즙 1Ts

만드는 법

① 우유를 뜨겁게 데운다(끓이는 것은 아님).
② 볼(bowl)에 설탕, 소금, 달걀을 넣어 함께 잘 섞는다.
③ 뜨겁게 데운 우유를 ②에 조금씩 부어 나무주걱으로 잘 젓는다.
④ ③에 향료를 넣고 잘 젓는다.
⑤ 두꺼운 프라이팬에 *캐러멜용의 설탕과 물을 넣고 가열하다가 갈색이 되면 레몬주스를 넣어 캐러멜을 만든다.
⑥ 준비한 커스터드 컵에 버터를 얇게 바르고 밑면에 캐러멜을 바른 후 ④를 커스터드 컵에 붓고 뜨거운 물이 든 팬에 커스터드 컵을 넣어, 180℃로 예열한 오븐에서 30~40분간 중심부가 응고할 때까지 구워 낸다.

실험 29

달걀의 조리방법에 따른 달걀찜의 소요시간 및 질감 특성

목적 달걀은 조리과정에 첨가되는 부재료나 조리 열, 염, pH에 의해 단백질이 변성됨으로써 그 특성을 잃어 음식에 색감과 질감 및 맛을 부여하게 된다. 이 같은 변성을 이용함으로써 음식의 다양성을 얻을 수 있을 뿐만 아니라 기능성으로 인해 여러 조리법을 응용할 수 있게 된다.

질이 좋은 달걀찜을 만들기 위한 조건을 찾기 위해 첨가재료 및 중탕시간, 희석조건을 달리하여 가열한 후 응고물의 특성을 비교한다.

준비물 달걀, 새우젓, 소금, 파이렉스 그릇, 100mL 비커, 염도계

실험 29 달걀찜의 조리조건에 따른 조리 특성과 질감 비교

달걀의 사용 비율과 첨가되는 염의 종류를 달리하여 달걀찜을 만든 다음 완전한 응고에 필요한 시간과 내부 온도를 측정하고, 응고물의 질감을 비교한다.

1) 전란 또는 분리한 난황, 난백을 잘 풀어 체에 거른다.
2) 모든 재료를 넣고 고루 섞는다.
3) 파이렉스 그릇 또는 100mL 비커에 위의 혼합물 1/2C을 담고 뚜껑을 덮어 찐다. 가는 막대로 가운데를 찔러보아 묻어나지 않으면 완전히 응고된 것이다.

실험 표 29-1 달걀의 양과 첨가재료가 달걀찜의 조리시간 및 특성에 미치는 영향

달걀찜의 종류	재료의 비율				단단한 정도*	표면의 모양**
	달걀	물	소금	새우젓국물		
50% 난액찜	0	50	1/4ts	0		

달걀찜의 종류	재료의 비율				단단한 정도*	표면의 모양**
	달걀	물	소금	새우젓국물		
75% 난액찜	75	25	1/4ts	0		
100% 난액찜	100	0	1/4ts	0		
50% 난액찜	50	50	0	1/2ts		
75% 난액찜	75	25	· 0	1/2ts		
100% 난액찜	100	0	0	1/2ts		

*순위표시법

**묘사법

과제

1 달걀요리에서 새우젓이 나타낼 수 있는 조리효과는 무엇인가?

2 새우젓에 있는 어떤 성분을 단백질요리에 사용하는 것이며, 이같은 효과를 이용한 음식의 예를 찾아보자.

실험 30

Meringue의 조리조건에 따른 품질 특성 비교

목적 난백의 단백질은 교반, 열, 염 등에 의해 쉽게 변성이 일어날 수 있는 단백질로서 이같은 성질은 식품조리에 다양하게 이용될 수 있다. 특히 난백은 거품을 내면 기포가 가늘게 분산되고 포말로 되어 조리에서 이용빈도가 높은 식품으로서 조리조건에 따라 다양한 성질을 보인다.

meringue에는 두 가지가 있는데 soft meringue은 파이와 푸딩에 쓰이며, hard meringue은 후식용으로 과일, 아이스크림, 소스 혹은 시럽과 같은 것에 사용한다.

난백에 첨가물을 달리함으로써 거품에 미치는 영향에 대하여 알아보자.

준비물 난백, 소금, 설탕, 바닐라향, 기름종이, electric beater, 오븐

실험 30-1 굽는 온도가 soft meringue의 특성에 미치는 영향

다음 재료로 soft meringue 구운 후 굽는 시간, 색깔 및 질감을 비교한다.

1) 기름종이 위에 직경이 12.5cm인 원을 그리고 원의 가장자리가 겨우 보이도록 meringue을 펼쳐 놓는다.
2) 종이를 베이킹 팬 위에 놓고 meringue의 높이를 측정한 다음, 150, 180, 210℃에서 갈색이 될 때까지 굽는다.
3) 이때 가능한 한 모든 온도에서 색이 같아지도록 구운 다음 가열시간, 구운 후의 높이, 수축 정도, 융기 형성 정도 및 질감을 비교한다.

soft meringue 만들기

재료 난백 1개, 소금 약간, 설탕 2½Ts

만드는 법

① 소금과 난백을 혼합하여 젓는다.

② 한번에 1/2Ts씩의 설탕을 가하면서 부드러운 피크를 형성할 때까지 계속 저어준다.

③ 오븐에서 굽는다.

실험 표 30-1 굽는 온도가 soft meringue의 특성에 미치는 영향

굽는 온도(℃)	굽는 시간(분)	높이(cm)		수축 정도*	융기 형성*	질감**
		굽기 전	구운 후			
150						
180						
210						

*채점법 : 1-전혀 없음, 2-매우 적음, 3-약간, 4-확인할 수 있을 정도, 5-뚜렷함

**묘사법

실험 30-2 굽는 온도가 hard meringue의 관능적 특성에 미치는 영향

아래의 재료로 hard meringue을 만들어 구운 후 굽는 시간, 색깔 및 질감을 비교한다.

hard meringue 만들기

재료 난백 1개, 소금 약간, 설탕 1/4C, 바닐라향 1/4ts

만드는 법

① 난백과 소금을 섞고 거품이 충분히 형성되도록 젓는다.

② 한번에 1Ts씩의 설탕을 가하면서 계속 저어주는데, 설탕이 전부 섞이고 기포가 광택을 유지하면서 단단해지면 교반을 멈춘다.

③ 베이킹 팬에 기름을 바르고 밀가루를 뿌리거나 종이를 깐 다음 숟가락을 이용하여 meringue을 조개껍질 모양으로 떠 놓는다.

④ ③을 95, 120, 150℃의 오븐에서 가볍고 건조해질 때까지 굽는다. 만일 meringue이 종이에 들러붙은 경우에는 젖은 헝겊으로 종이의 밑면을 적셔 주면 쉽게 떨어진다.

실험 표 30-2 굽는 온도에 따른 hard meringue의 굽는 시간 및 관능적 특성

굽는 온도(℃)	굽는 시간(분)	색깔*	질감**
95			
120			
150			

*묘사법 : 흰색, 크림색, 베이지, 탄색, 갈색
**채점법(5점법)

과제

1 달걀단백질의 식품학적 기능성에 대해 조사하라.

2 조리 시 이용되는 달걀의 특성이 어떤 조리효과를 주는지 알아보자.

3 달걀을 이용한 요리 레시피를 모아보자.

실험 31

육류의 전처리 방법에 따른 연화효과 비교

목적 육류를 가열조리하면 수축하고 무게도 감소하는데 이는 근육섬유 단백질과 결합조직의 응고에 따라 수분과 지방의 손실이 일어나기 때문이다. 뚜껑을 닫지 않은 그릇에서 고기를 가열하면 수분의 증발에 의하여 고기의 무게가 감소되기도 한다. 질긴 부위의 고기는 가열에 의하여 연하게 할 수 있으나 고기를 기계로 갈거나 다지면 더 쉽고 연하게 조리하여 먹을 수도 있다. 또한 고기 단백질을 분해시킬 수 있는 단백분해효소로 된 meat tenderizer를 이용하거나 과일 등에 있는 연육효과를 사용할 수 있다.

준비물 쇠고기(홍두깨, 우둔살, 3×3×1.5cm), meat tenderizer, 물(비교군), 배, 키위, 파인애플
오븐, 방망이, 양념장, Rheometer

실험 31 육류의 전처리 방법에 따른 연육효과 및 연육소 사용 결정

육류의 연화효과를 알아보기 위해 홍두깨/우둔살 부위를 100g씩 준비하여 다음과 같이 전처리한다.

1) 연화방법은 입방체로 썰기, 연육소 첨가, 배즙 첨가, 키위즙 첨가, 파인애플즙 첨가, 갈거나 혹은 두드리는 방법의 7가지 방법을 사용한다.
2) 각각의 연화처리를 하고 30분 방치한 후 오븐에서 구워 조리에 의한 손실률과 가열시간에 따른 기호도를 조사한다. 이때 각 처리효과를 비교하기 위해 연화처리를 하지 않은 대조군의 육류를 같이 굽는다.

실험 표 31-1 연화방법에 따른 육류의 조리 시 손실률, 조리시간 및 질감의 비교

연화제의 종류 및 첨가량	무게(g)		손실률(%)	조리시간(분)	질감의 연화 정도*
	조리 전	조리 후			
처리하지 않은 것					
연육소 첨가, 1ts					
배즙 첨가, 1Ts					
키위즙 첨가, 1Ts					
파인애플즙 첨가, 1Ts					
갈기					
두들기기					
입방체로 썰기					

*순위법

과제

1 자연식품에는 연육효과를 나타내는 여러 식품이 존재한다. 이들이 갖는 단백질 분해효소의 이름은 무엇이며, 얼마 정도의 양이 어떤 식품에 또는 어떤 요리에 필요로 하는지 알아보자.

2 우리나라 음식의 조리에도 연육효과를 위해 다양한 식재료를 사용하고 있다. 실제 어떤 식품이 연육효과를 나타내며 이들이 갖는 장점과 단점은 무엇인지 알아보자.

실험 32 돈가스 제조 시 거품 발생 원인과 대체방법 연구

목적 서양요리의 pork cutlet인 돈가스는 일반적으로 돼지고기의 안심이나 등심에 밀가루와 달걀옷, 빵가루를 입혀서 튀겨낸 요리로, 일본의 쇼와시대를 거쳐 일본음식화하면서 돈가스란 명칭으로 부르게 되었다. 돈가스는 우리나라에서도 사랑을 받는 메뉴로 단체급식 업장에서 자주 사용한다.

그러나 다량조리를 할 때 튀김 시 발생하는 거품으로 기름이 넘쳐 조리의 효율이 떨어지는 현상이 관찰된다. 이 같은 거품의 발생 원인이 달걀옷 성분과 어떤 관계가 있으며 일반적인 튀김재료를 떠나 어떤 조리방법을 찾는 것이 효율적인지 알아보고자 한다.

준비물 돼지고기 등심(100g씩 일정 두께와 크기를 조절), 달걀, 빵가루, 식용유, 밀가루
우유, 튀김기, 카메라, 온도계, 비커, 일반 조리기구

실험 32-1 달걀액을 달리하여 본 돈가스의 튀김 시 거품 발생 비교

1. 고기를 일정한 두께가 되도록 눌러 편 후, 100g씩 크기를 조절하여 자른다.
2. 달걀을 전란, 노른자, 흰자로 각각 다른 볼에 준비해 둔다.
3. 준비된 고기에 밀가루를 묻히고(5g), 이를 각각의 달걀액에 담근 후 빵가루를 묻힌다.
4. 일정온도(165℃)의 기름에 각각의 달걀액을 묻힌 돈가스를 넣어 튀긴다.
5. 이때 관찰되는 거품의 모양, 발생량, 특성 등을 관찰해 보자.
6. 또한 이때 돼지고기의 부위별 특성 또는 자른 모양 등에 따른 변수를 없애기 위해 일정량의 밀가루를 (30g의 밀가루+10mL의 물) 반죽하여 동그랗게 만든 후 달걀물을 달리하여 튀겨보도록 한다.

실험 표 32-1 달걀액의 차이에 따른 돈가스 튀김의 거품 발생량 비교

관찰내용 / 달걀의 상태	거품 발생 정도*	거품의 상태와 모양**	특성 관찰
전란(A)			
난황(B)			
난백(C)			
난황 70%+난백 30%(D)			
난황 30%+난백 70%(E)			
전란 50%+우유 50%(F)			

*순위법
**묘사법

실험 32-2 튀김옷의 차이에 따른 돈가스의 관능검사

6가지 종류의 돈가스를 비교해서 각각의 시료에 대해 맛, 색상, 촉감, 종합평가에 대해 아래와 같은 평가 기준에 따라 평가하여 기입하기로 하자.

실험 표 32-2 달걀의 처리조건에 따른 돈가스의 특성 비교

시료 / 항목	A	B	C	D	E	F
맛*						
색상**						
촉감**						
종합평가***						

*채점법 : 5-매우 좋다, 3-보통이다, 1-매우 나쁘다
**묘사법
***순위법

과제

1 돈가스의 튀김조건에 대해 여러 조건을 들어 조사해 보라. 냉동 돈육을 이용한 돈가스의 경우 튀긴 후 분리되는 원인은 무엇인가?

2 달걀에서 거품발생 원인에 관여하는 단백질은 어떤 것이 있으며, 소포작용을 위해 어떤 대체 재료의 이용이 가능한가?

3 우유 또는 시중에서 팔고 있는 믹스용품에는 어떤 성분이 들어있는가?

실험 33 단백질 분해효소가 젤라틴 응고에 미치는 영향

목적 단백질 분해효소가 젤라틴의 응고에 미치는 영향을 이해한다.

준비물 젤라틴, 설탕, 생파인애플주스, 통조림 파인애플주스, 젤리 틀

실험 33 파인애플의 상태에 따른 단백질 분해효소의 활성능력 비교

1. 젤라틴 1½ts을 냉수 2Ts에 5분간 불린 후 1/3C의 끓는 물을 부어 녹인다.
2. 이런 시료 2개를 만들어 한쪽 시료에는 생파인애플주스 1/4C을 넣고, 다른 한쪽에는 통조림 파인애플주스 1/4C을 넣는다.
3. 젤리 틀에 부어 물에 담가서 식힌 후 냉장고에 넣어 굳힌다.

실험 표 33-1 파인애플주스에 존재하는 효소에 의한 젤리의 형성 양상

시료	처리방법	응고에 의한 젤리의 형성 관찰*
A	생파인애플주스	
B	통조림 파인애플주스	

*묘사법

과제

1 생파인애플주스에는 어떤 단백질 분해효소가 존재하는가?

2 일반적인 조리 시에 쓰일 수 있는 단백질 분해효소에는 어떤 것이 있으며 조리 시 얼마만큼 넣어야 하며 어떻게 전처리에 쓰이는지 알아보자.

3 다음은 gelatin을 이용한 젤로 디저트의 레시피이다. 아래의 젤로를 만들어 보고 후식으로서의 가능성과 문제점을 수정해 보자.

젤로 디저트(Jello dessert) 만들기

재료 젤라틴 1/2C, 꿀 1/3C, 크림 1C, 레몬주스 3Ts, 끓는 물 1¼C, 레몬껍질 간 것 1개 분량, 소금 1/8C, 비스킷 조각(크게 부스러뜨린 것) 2C

만드는 법

① 끓는 물에 젤라틴을 넣어 녹인 후 꿀, 소금, 레몬주스, 레몬껍질 간 것을 넣고 섞어 냉장고에 넣어 둔다.

② 크림은 거품을 내어 약간 엉긴 젤라틴 혼합물과 섞는다.

③ 평평한 팬에다 곱게 부스러뜨린 과자 부스러기 1C을 아래에 깔고 레몬, 젤라틴 혼합물을 쏟아 넣고 나머지 과자 부스러기를 덮은 후 냉장고에서 굳게 하여 장방형으로 썬다.

5. 어류단백질의 조리

1) 어육의 조리 중 변화

(1) 가열에 의한 변화

어육을 가열하면 근육단백질이 응고, 수축하여 탈수가 일어나 무게가 감소하며 신선한 생선일수록 탈수에 의한 무게 감소가 적다. 어육은 콜라겐이 갑자기 수축하는 온도가 60℃보다 낮기 때문에 낮은 온도에서 단시간 가열해도 연해지며 이러한 콜라겐의 수축은 생선껍질을 수축시키거나 찢어지게 한다.

물오징어를 삶았을 때 둥글게 말리는 것도 콜라겐의 수축에 의한 변화이다.

생선을 가열, 조리할 때 석쇠나 프라이팬, 냄비 등 조리기구에 붙은 성질을 열 응착성이라고 하는데 이것은 가열에 의해 미오겐의 펩타이드 사슬이 흩어져 다른 물질과 결합할 수 있는 활성기가 많이 생기기 때문이다. 이 활성기가 금속면에 닿으면 금속이온과 반응하여 생선이 석쇠나 프라이팬에 붙게 된다. 따라서 생선을 구울 때 석쇠에 기름칠을 하면 막이 생겨 이를 방지할 수 있다.

(2) 응고성

어육은 2~3%의 식염수에 의해 서로 엉기는 성질이 생기면서 점성이 강한 졸이 된다. 이것을 가열하면 단백질이 응고하고 물을 흡수한 겔이 되므로 탄력 있는 육질이 되는데 이런 원리를 이용하며 어묵을 제조한다. 즉 어묵은 3% 내외의 소금을 생선에 넣고 갈아 일정한 모양을 만들어 찌거나 기름에 튀긴 것이다.

어육단백질도 산에 의해 응고되므로 생선회를 초고추장에 찍어먹으면 맛도 향상되지만, 식초에 의해 어육의 단백질이 응고되어 다른 질감을 느낄 수 있다.

실험 34

생선뼈로 만든 스톡의 조리 시 부재료 첨가에 따른 특성 비교

목적 어패류는 독특한 냄새와 맛을 지니고 있다. 이러한 어취에 익숙한 사람은 어패류를 좋아하나 그렇지 않은 사람도 많이 있다. 어취는 파, 마늘, 생강과 같은 부재료나 산류의 이용 또는 술이나 무 등의 채소를 사용함으로써 억제되거나 제거된다.

어패류의 근육은 연하므로 약한 불에서 적절히 조리하는 것이 좋지만 수프나 스톡과 같은 음식을 만들기 위해서는 다른 조리조건을 요한다.

재료, 가열온도를 달리하여 제조한 스톡의 혼탁도, 냄새, 색, 맛을 비교하자.

준비물 생선뼈 450g(150g×3), 셀러리 줄기, 생선머리 3개, 소금, 일반 조리기구

실험 34 조리조건에 따른 생선스톡의 관능적 특성 비교

다음의 3가지 방법으로 시료를 처리한다.

시료 A 생선뼈와 머리를 담고 물 3C을 부어 가열한다.
처음에는 낮은 온도인 70℃ 정도로 끓이다가 나중에 비등점까지 끓인다.

시료 B 시료 A와 같은 양의 생선뼈와 머리를 석쇠에 얹어 약간 노릇하게 구운 후 물 3C을 붓고 가열한다.
처음에는 낮은 온도인 70℃ 정도로 끓이다가 나중에 비등점까지 끓인다.

시료 C 생선뼈와 머리를 넣고 물 3C과 셀러리를 넣어 가열한다.
처음에는 낮은 온도인 70℃ 정도로 끓이다가 나중에 비등점까지 끓인다.

각 시료의 낮는 온도와 높은 온도에서 끓인 국물의 혼탁도를 비교해 본다.

1) 각 시료마다 70, 90℃가 될 때 1Ts씩 시험관에 담아 혼탁도를 비교한다.

2) 끓으면 아주 약하게 불을 낮추어 20분간 가열한다. 각 시료에서 나오는 국물량이 비슷하도록 불을 조절한다.

3) 완성되면 국물에 1%의 소금을 넣어 국물의 냄새, 혼탁도, 맛을 비교한다.

실험 표 34-1 생선뼈의 끓이는 방법에 따른 국물(stock)의 청정도와 맛의 비교

온도(℃) / 시료	가열 중의 혼탁도*		완성 후 국물의 냄새, 색, 맛**
	70℃	90℃	
A			
B			
C			

*순위법
**묘사법

과제

1 생선 수프나 스톡을 끓일 수 있는 생선 종류에는 어떤 것이 있으며 이들의 어떤 특성 때문에 조리에 이용할 수 있는가?

2 장어구이처럼 장어뼈를 이용하여 장어장을 만들 때 어떤 조리법을 사용해야 가장 좋은 조건의 장어장이 만들어질 수 있는지 알아보고 이때 적용되는 다른 부재료의 역할에 대해서도 알아보자.

6. 우유단백질의 조리

우유는 소스, 푸딩, 수프, 커피, 제과제빵 등 여러 가지 다양한 음식에 사용되고, 우유를 가공하여 연유, 발효유, 치즈, 버터 등을 만들 수 있다.

1) 우유의 조리 중 변화

(1) 가열에 의한 변화

우유를 40℃ 이상으로 가열하면 단백질이 표면에 집합되어 응고하고 거기에 지방 및 기타 성분이 흡착되어 피막을 형성하게 된다. 이러한 현상을 람스덴 현상이라고 한다. 이들은 변성되고 응고되어 우유를 직접 불 위에서 가열하면 침전물이 냄비 밑바닥에 가라앉는다. 따라서 우유를 가열할 때는 저어 주면서 가열하거나 중탕해야 한다.

또한 우유를 고온에서 장시간 가열하면 단백질의 아미노기와 유당 사이에 메일라드 반응과 유당의 캐러멜화 등으로 인한 갈색화 반응이 일어난다. 우유의 수분을 제거하고 당을 첨가시켜 농축시킨 가당연유는 갈색화반응이 더 잘 일어난다.

우유를 76~78℃에 급열하면 익은 냄새라고 표현되는 특유의 냄새와 맛이 생긴다.

(2) 산에 의한 응고

우유를 발효시키면 유산균이 유당을 유산으로 전환시켜 pH가 저하되고 카제인이 등전점에 이르게 되어 변성, 침전한다. 이러한 성질을 이용해 치즈나 요구르트와 같은 유제품을 제조한다.

우유의 카제인은 우유 자체에서 생성된 산에 의해 또는 외부로부터 산을 첨가하면 응고되고 침전된다. 과일이나 채소에 함유된 유기산도 우유를 응고시키므로 과일과 우유를 함께 가열하는 경우 과일의 유기산에 의해 카제인이 응고되어 덩어리가 생기게 된다.

(3) 효소에 의한 응고

우유의 주단백질인 카제인은 pH 4.6~4.7에서 효소 레닌에 의해 응고된다.

수용성의 카제인이 레닌에 의해 분해되어 수용성의 파라카제인이 되었다가 이 파라카제인이 우유 속의 칼슘이온과 결합하여 불용성의 파라카제이네이트를 형성한다. 이와 같은 성질은 치즈 제조에 이용된다.

실험 35

Ricotta 치즈 생산에 산과 온도가 미치는 영향

목적 남부 이탈리아에서 처음 만들어져 지금은 전 세계적으로 이용이 늘어난 ricotta 치즈는 우유단백질이 산에 불안정한 성질을 이용하여 우유에 일정한 온도를 가한 다음 산성 응고제를 넣어 단백질 응고물을 만들어 체에 걸러 얻는 것이다. 이때 사용하는 산성 식재료에 따라 그 식재료의 향미나 색 등의 특성이 정해지므로 그 특성에 맞는 음식 또는 음료를 개발할 수 있다.

Ricotta 치즈 생산에 사용되는 산의 종류와 온도 변화가 어떤 영향을 미치는지 알아보도록 하자.

준비물 우유, 발사믹식초, 적포도식초, 레몬주스

온도계, 산도 측정계, 저울, 자루 남비, 체, 거즈cheese cloth, 나무주걱

실험 35-1 Ricotta 치즈 제조 시 산성 식재료 차이에 따른 생산량 관찰 비교

아래 recipe에 의해 ricotta 치즈를 만들고 치즈의 특성을 비교하라.

Ricotta 치즈 만들기

재료 우유 4,500mL, 발사믹식초 105mL, 적포도식초105mL, 레몬주스 105mL

만드는 법

① 우유 500mL를 각각의 냄비에 넣고 서서히 온도를 올린다.

② 온도가 각각 50, 60, 70℃에 달하면 35mL의 발사믹식초, 적포도식초, 레몬주스를 넣고 나무주걱으로 잘 저어 준 후 응고물이 형성되기까지 5분 이상 방치한다.

③ 생성된 응고물을 거즈를 얹은 체에서 거른 후 10분이 경과한 후 생산량을 재어 본다.

실험 표 35-1 산도와 온도 변화에 따른 ricotta 치즈 생성량

온도 식재료	50℃	60℃	70℃
발사믹식초			
적포도식초			
레몬주스			

실험 35-2 산성 식재료 차이에 따른 ricotta 치즈의 관능적 특성 비교

실험 35-1에서 생성된 ricotta 치즈의 무게를 잰 후 냉장고에 30분간 넣어 일정한 온도로 조절한 후 각 온도별, 재료별로 생성된 치즈의 특성을 관능검사로 관찰한다.

실험 표 35-2 산성 식재료 차이에 따른 ricotta 치즈의 관능적 특성 비교

	704	092	549
맛*			
색*			
향*			
질감*			
총체적 평가**			

*묘사법
**채점점(5점법) : 1-가장 나쁘다, 3-보통이다, 5-가장 좋다

과제

1 치즈 제조원리에 대해 조사하라.

2 두유를 이용한 두부와 우유를 이용한 치즈의 제조법 차이는 무엇인가?

3 치즈와 어울리는 음식에 대해 알아보라.

실험 36

Cottage 치즈 제조방법에 따른 품질 비교

목적 Cottage 치즈는 우유단백질에 산성 조건을 맞추고 응고온도를 맞추면 쉽게 응고되는 성질을 이용한 치즈로 가장 단순하게 만들 수 있는 연성치즈로, 과거 목동들이 오두막에서 바로 짠 양젖을 이용하여 만들기 시작했다 해서 cottage 치즈로 불린다.

우유에 산성 식재료와 제조방법 등을 달리하였을 때 우수한 cottage 치즈를 만들기 위한 조건은 무엇이며, 어떤 것이 쉬운 방법인지 알아보도록 하자.

준비물 우유 4컵, 식초 2Ts, 끓는 물 3Ts, 레넷rennet 효소 2.5g

거즈cheese cloth로 만든 주머니 3개

실험 36 제조 조건의 차이에 따른 cottage 치즈의 특성 비교

아래의 방법으로 cottage 치즈를 만들고 세 가지 시료의 특성을 비교하라.

시료 A ① 우유 1C에 식초 1Ts를 넣어 섞은 후 5분간 방치하여 응고가 일어나면 주걱으로 잘게 부순다.

② 그릇째로 중탕하여 품온이 37℃가 되게 하고 응고가 일어나 완결될 때까지 가열한다.

③ 소창으로 만든 주머니에 준비된 ②를 넣어 물기가 빠지면서 생긴 응고물 이 바로 cottage 치즈이다.

시료 B ① 시료 A와 같은 방법으로 응고물을 만든다.

② 끓는 물 3Ts을 우유 응고물에 넣어 천천히 저어준다.

③ 응고가 완결될 때까지 방치한 후 대강 저어 응고물을 잘게 한 후 소창으로 만든 주머니에 넣어 물을 뺀다.

시료 C ① 우유 2C에 레넷 2.5g을 넣어 잘 섞는다.

② 응고물이 단단하게 될 때까지 방치한 후 저어서 잘게 한다.

③ 이것을 중탕해서 품온이 37℃가 되도록 하여 유청이 분리되기까지 열을 가한다.

④ 소창으로 만든 주머니에 넣어 물을 빼고 응고물을 얻는다.

실험 표 36-1 Cottage cheese 제조 방법에 따른 품질 비교

시료	외관*	질감**	맛**
A			
B			
C			

*묘사법

**채점법(7점법)

과제

1 다음은 cottage 치즈 샐러드의 recipe이다. 위에서 만들어진 cottage 치즈를 이용하여 만들어보자.

cottage 치즈 샐러드 만들기

재료 cottage 치즈 1C, 토마토 1개, 피망 1개, 셀러리 1줄기, 양상추, 오이 1/2개, 래디시 3~4개, 소금 1/2ts, 마요네즈 4ts

만드는 법

① 껍질 벗긴 토마토, 오이, 래디시는 1×1×1cm 입방으로 썬다.

② 피망은 작게 다진다.

③ ①, ②에서 준비한 재료와 cottage 치즈, 소금, 마요네즈를 가볍게 섞어 샐러드 그릇에 양상추를 깔고 담는다.

실험 37

Rennet 첨가에 따른 Cottage 치즈의 특성 비교

목적 우유는 음료로 음용하는 것 외에 다양한 음식을 조리하는데 이용되지만 80%의 수분과 20%의 고형물이 함유되어 있어서 조리과정에서 여러 영향을 받게 된다. 우유 자체의 bacteria에 의해 생성된 산이나 외적인 산의 첨가는 casein을 응고, 침전시키는 원인으로 이 반응은 cheese 제조에 이용된다.

효소 rennin은 포유동물의 위에서 분비되며 위에서 casein이 protease에 의해서 가수분해되기 전에 casein을 응고시키는 효소이다.

준비물 우유 1000mL, 레넷rennet 효소 3.75g, 식초 1Ts, 소금

비커, 온도계, pH paper/pH meter, 메스실린더, 거즈cheese cloth

실험 37 레넷 첨가와 응고온도 변화에 따른 우유단백질의 커드 형성 비교

1) 우유에 산 첨가 또는 온도 변화와 같이 curd 형성조건을 달리하여 curd를 형성시켜본다.

2) 각각의 경우에 생긴 curd의 형성률과 상태를 비교한다.

시료 A 냉장고에서 꺼낸 우유 250mL(6℃)를 500mL 비커에 붓고 레넷 1.25g을 가하여 재빨리 완전하게 섞은 다음 50mL 비커 5개에 각각 나누어 담는다.

이것을 실온에서 10분간 방치한 후 냉장고에 1시간 동안 넣어 둔다.

시료 B (A)와 같은 방법으로 하되 우유의 온도를 43℃로 하여 실험한다.

시료 C (A)와 같은 방법으로 하되 우유의 온도를 100℃로 하여 실험한다.

시료 D 상온의 우유 250mL를 비커에 넣어 pH meter로 pH를 측정하고 식초 1Ts을 넣은 다음 50mL 비커 5개에 나누어 담고 5분 후에 다시 pH를 측정한다. 우유의 curd 형성 유무를 관찰한다.

3) 각각의 curd가 우유의 몇 %에 해당하는지를 다음 식을 이용하여 계산하고 그 결과를 표에 기입한다.

$$\text{curd}(\%) = \frac{\text{전유} - \text{유청}}{\text{전유}} \times 100$$

유청 측정법

실린더 위에 거즈를 덮은 깔때기를 올려놓고 curd가 형성된 우유를 부으면 실린더 내에 유청이 분리되어 나오므로 그 때의 mL을 읽는다.

4) 유청 분리 후 거즈에 남은 curd는 꼭 짜서 물기를 뺀다.
5) 거즈에 싼 채 물 속에서 주물러 헹구며, 물이 흐려지지 않을 때까지 잘 씻는다.
6) 5)에서 맑은 물이 나오면 물기를 짠다. 이 응고물이 cottage 치즈인데 여기에 소금을 약간 넣고 골고루 섞은 다음 밀폐용기에 담아 냉장고에 보관한다.

실험 표 37-1 우유의 curd 형성 능력에 따른 cheese의 특성 비교

항목 시료	응고제	우유온도(℃)	curd 형성률(%)	curd의 단단함*	커드의 특성 (색, 맛)**
A					
B					
C					
D					

*순위법
**묘사법

과제

1 치즈 제조방법 차이에 따른 치즈의 종류를 나누고 분류하여 보자.
2 치즈의 형태에 따른 분류를 알아보자.
3 치즈에 이용되는 미생물은 무엇이 있으며 이들 특성은 무엇인지 알아보자.

실험 38

토마토수프의 관능 특성에 미치는 재료의 영향

목적 토마토수프는 토마토와 우유를 주재료로 만드는데, 조리 시 단백질 변성에 의해 외관이나 질감 등에 큰 변화가 나타난다.
토마토수프를 만들 때 여러 가지 우유의 혼합방법이 응고물 형성에 미치는 영향에 대해 알아보자.

준비물 우유 1C, 토마토주스 1C, 밀가루 2ts, 마가린 2ts, 소금, 일반 조리기구

실험 38 재료의 혼합방법에 따른 토마토수프의 관능 특성 비교

다음과 같이 여러 종류의 토마토수프를 만들고, 만든 즉시 그리고 30분간 방치한 후 외관과 맛에 대해 평가해 보자.

토마토수프 만들기

방법 1 : 데운 우유와 데운 주스를 섞는 방법(plain tomato soup)

재료 우유 1/3C, 토마토주스 1/3C, 소금 약간

만드는 법

① 우유와 토마토주스를 각각 85℃ 정도로 가열한다.
② 뜨거울 때 주스를 우유에 저으면서 가하고 소금을 넣는다.

방법 2 : 주스를 걸쭉하게 한 후 데운 우유와 섞는 방법(thickened tomato soup)

재료 우유 1/3C, 밀가루 1ts, 마가린 1ts, 토마토주스 1/3C, 소금 약간

만드는 법

① 마가린을 녹이고 밀가루와 고루 섞는다.
② 여기에 토마토주스를 한꺼번에 넣고 약한 불에서 계속 저으면서 끓기 시작할 때까지 가열한다.
③ 65℃ 정도로 데운 우유에 위의 걸쭉해진 주스를 뜨거울 때 붓는다. 잘 섞은 후 소금을 넣는다.

방법 3 : 데운 주스와 화이트소스를 섞는 방법(thin white sauce)

재료 마가린 1ts, 우유 1/3C, 토마토주스 1/3C, 밀가루 1ts, 소금 약간

만드는 법

① 마가린을 녹이고 밀가루와 고루 섞은 후 우유를 넣고 저으면서 가열하여 화이트소스를 만든다.

② 소금을 넣고, 데운 토마토주스를 가해 잘 섞는다.

실험 표 38-1 토마토 수프 제조 시 우유 혼합 방법이 응고물 형성에 미치는 영향

혼합방법	외관*		맛**	
	만든 즉시	30분 방치 후	만든 즉시	30분 방치 후
방법 1				
방법 2				
방법 3				

*묘사법

**순위법

과제

1 토마토수프를 만들 때의 주의 점에 관해 서술해 보자.

2 조리과정에 우유와 산이 만나면서 음식의 질감 변화를 가져올 수 있는 조리의 예를 알아보자.

3 토마토가 식재료로 이용되어 조리되는 음식 레시피를 5개 이상 모아보자.

실험 39

우유단백질의 변성을 이용한 거품형성능과 안정성 비교

목적 우유와 우유 가공품인 크림들은 단백질과 같은 성질이 있어서 교반과 같은 물리적 자극에 의해 변성이 일어난다. 이러한 변성은 식품조리에 매우 다양한 기능성을 부여함으로써 케이크나 아이싱의 재료 또는 커피의 토핑과 같은 음식조리에 이용된다. 우유가공품이 갖는 단백질 성질에 대해 알아보도록 하자.

준비물 휘핑크림 1/2C, 무가당연유 1/2C, 탈지분유 1/2C, 커피크림 1/2C, 레몬주스 3Ts, 설탕 7Ts electric beater, 속 깊은 투명 유리볼, 계량컵, 깔때기, 메스실린더, 랩

실험 39 크림의 기포 형성능력과 거품의 안정성 비교

다음 재료를 이용하여 거품을 낸 후 기포 형성 능력과 거품 안정성을 비교한다.

1) 거품기와 그릇은 냉장고에 차게 두었다가 사용한다.
2) 거품기를 들어 올렸을 때 뾰족하게 모양을 유지할 수 있는 정도로 충분히 거품을 형성시키고 소요 시간을 측정한다.
3) 그 후 계량컵과 거품기에 묻어 있는 거품을 모두 긁어모은 다음 공기가 빠져나가지 않도록 주의하면서 수저나 주걱으로 위를 평평하게 하여 형성 된 거품의 총 부피를 잰다.
4) 또한 거품의 안정성을 조사하기 위하여 깔때기에 일정량의 거품을 담고 이를 메스실린더 위에 세운다. 거품이 마르지 않도록 랩 등으로 가볍게 싸서 30분간 방치한 다음 빠져 나온 액체의 양을 측정하여 거품의 안정성을 비교한다.

휘핑크림(whipping cream)

크림 1/2C은 거품을 낸다. 어느 정도 부피가 증가하면 설탕 1Ts을 조금씩 넣으면서 계속 저어 거품을 충분히 낸다.

무가당연유(evaporated milk)

1/2C의 찬 연유로 거품을 낸다. 계속 저으면서 1Ts의 레몬주스를 넣고, 2Ts의 설탕을 조금씩 넣으면서 거품을 낸다.

탈지분유(dry milk)

1/2C의 탈지분유와 1/2C의 냉수를 섞어 거품을 낸다. 계속 저으면서 1Ts의 레몬주스를 넣고, 2Ts의 설탕을 조금씩 넣으면서 거품을 낸다.

커피크림(coffee mate)

1/2C의 커피크림과 1/2C의 냉수를 섞어 거품을 낸다. 계속 저으면서 1Ts의 레몬주스를 넣고, 2Ts의 설탕을 조금씩 넣으면서 거품을 낸다.

실험 표 39-1 여러 유제품의 거품 형성 능력 및 형성된 거품의 안정성 비교

유제품 종류	거품의 부피(C)	거품형성시간(분)	거품의 안정성(mL)	맛*
휘핑크림				
무가당연유				
탈지분유				
커피크림				

*채점법(7점법)

과제

1 cake icing을 위한 재료와 만드는 방법을 적어보라. 이때 이들 재료의 안정성을 위해 주의할 점을 알아보라.

2 거품기와 그릇을 냉장고에 차게 보관하는 이유를 알아보자.

3 어떤 우유가공품이 어떻게 식품조리에 이용되는지 알아보자.

지질과 조리

지질은 탄수화물과 같이 탄소, 수소, 산소의 세 가지 원소로 구성되어 있는 유기화합물로 라드, 버터 등의 동물성 지방fat과 콩기름, 옥수수기름 등의 식물성 기름oil에 많이 들어 있으며, 동물성 지방은 실온에서 고체이고, 식물성 기름은 실온에서 액체이다.

1. 조리 중 일어나는 유지의 변화

1) 연화작용

유지는 글루텐 형성을 억제하여 글루텐의 생성량을 감소시키고, 생성된 글루텐의 길이도 짧아지게 하여 질감을 부드럽게 만든다. 이러한 작용을 연화작용 또는 쇼트닝작용이라고 한다.

2) 크리밍 작용

쇼트닝, 버터, 마가린 등과 같이 가소성이 높고 적당히 부드러운 고체 지방을 교반하면 공기를 함유하게 되어 부피가 증가하고 하얗게 변한다. 이렇게 유지에 공기를 포함시키는 것을 크리밍이라 하는데 크리밍하는 과정에서 공기가 포함되어 제품의 부피를 증가시키고 질감 및 조직을 좋게 해준다.

3) 유화

서로 섞이지 않는 기름과 물이 분산상과 분산매로 형성되어 유화제에 의해 혼탁한 액상으로 혼합되는 것을 말한다. 버터나 마가린, 우유, 마요네즈, 아이스크림, 양념장 등이 유화의 예이다.

4) 산패

유지는 물, 산, 알칼리, 가수분해효소 등에 의해 가수분해되면서 가열에 의해 촉진되어 산패가 일어난다. 이때 불쾌한 냄새나 맛을 형성하며 유지가 변질된다.

또한 상온에서 대기 중의 산소에 의해 서서히 자연발생적으로 자동산화된다. 자동산화가 일어나면 초기의 생성물로 과산화물이 축적된다.

동·식물 조직 중에 존재하는 여러 산화 효소들에 의해서도 산화가 촉진된다.

5) 가열에 의한 변화

유지를 고온으로 가열하면 유지가 가수 분해되어 푸른 연기가 나는 등 자극성 냄새가 나고 기름의 색이 진해지며 거품이 생긴다.

2. 유지류의 조리

유지를 이용하여 조리하는 것에는 크게 튀김과 유화액을 들 수 있다.

튀김은 다량의 기름을 이용하고 고온 단시간에 조리하므로 가열 중에 식품은 수분을 증발하고 기름을 흡착한다. 기름의 흡착량 및 탈수율은 튀김온도와 시간, 재료의 형태에 따라 다르다. 튀김은 될 수 있는 대로 기름이 적게 흡수된 것이 높게 평가된다. 기름이 많이 흡수된 것은 입에서 나쁜 기분이 느껴질 뿐더러 위에 오래 머물러 있기 때문에 불쾌감을 준다.

보통 튀김은 식물성 유지를 이용하여 튀기게 되며, 튀기는 방식에 따라 shallow frying, deep frying으로 구분할 수 있다.

식물성 유지를 이용하여 샐러드 드레싱, 마요네즈 등 다양한 유화액을 만들 수 있다.

튀김의 적온과 시간

튀김용 유지는 액상의 식물성 기름이 많이 쓰이나 고체지방이라도 가열하면 액체가 되므로 돈지나 우지도 쓰인다.

버터, 마가린은 특별한 경우를 제외하고 보통 사용하지 않는다.

고체지방은 뜨거울 때 먹으면 문제가 안 되지만 식으면 맛이 나빠진다. 그러므로 식은 후에 먹어야 하는 조리에는 액체기름을 사용한다.

조리의 종류	온도(℃)	시간(분)
어패류, 채소	180~190	1~2
고구마, 감자, 연근(두께 0.7~0.8cm)	160~180	3
굴튀김	180~190	1.5~2.5
프라이	180	2~3
튀김	180~190	1~2
크로켓	190~200	0.4~1
도넛	160	3
후릿터	160~170	1~-2
글로우턴	180~190	0.5
잉어튀김	140~150	5~10

유지의 조리와 유지의 종류

유지의 조리에는 적합한 유지를 사용함으로써 조리효과를 올릴 수 있다.

조리의 종류	유지의 종류
튀기기	콩기름, 채종유, 참기름, 면실유, 미강유, 낙화생유
볶기	버터, 마가린 및 식물성유
구이	위와 같다.
샐러드용	샐러드유(올리브유, 콩기름, 채종유, 면실유, 미강유, 옥수수기름)
제과용	버터, 마가린, 쇼트닝, 돈지, 카카오지(초콜릿용), 야자유
식탁용	버터, 마가린
양념용	참기름, 콩기름, 면실유

실험 40

기름의 흡착과 식품의 탈수

목적 식재료의 전처리 중 자르기는 튀기는 과정 중 수분을 탈수시키면서 흡유율을 높여 질감 변화를 가져오게 된다.

튀김온도와 재료 전처리가 튀김과 어떤 상관이 있는지 알아보자.

준비물 튀김유 500mL, 감자 360g, 저울, 온도계, stop watch, 일반 조리기구

실험 40 튀김온도와 자르는 방법의 차이에 따른 감자의 기름 흡착량과 식품의 탈수율

감자를 이용하여 튀김온도와 자르는 방법의 차이에 따른 기름의 흡착량과 식품의 탈수율에 관해 검토한다.

1) 감자 180g은 0.2cm로 얇게 썰고, 나머지 180g은 3×3×3cm로 깍뚝썰기를 한다.
2) 시료를 얇게 썰기, 각썰기 모두 60g씩 3그룹으로 계량하여 나눈다.
3) 가열온도는 (A)130, (B)160, (C)180℃로 한다.
4) 재료 투입 후 온도가 내려가서 다시 올라올 때까지 그 온도를 보유한다.
5) 얇게 썰기 경우는 수분이 거의 없어지고 담색이 되면 그만 튀기고 각썰기는 대나무로 중심주까지 익은 것이 확인되면 그만 튀긴다.
6) 흡유량 계산은 아래와 같이한다.

$$\text{흡착량} = \text{튀김 전 기름의 중량} - \text{튀긴 후 기름의 중량}$$

7) 식품의 탈수율은 아래와 같다.

$$\text{탈수율(\%)} = \frac{\text{생재료 중량} - (\text{튀긴 후 중량} - \text{기름의 흡착량})}{\text{생재료 중량}}$$

실험 표 40-1 튀김온도와 자르는 방법에 따른 기름의 흡착량과 식품의 탈수율

튀김 온도	A(130℃)		B(160℃)		C(180℃)	
자르는 법	얇게 썬 것	각지게 썬 것	얇게 썬 것	각지게 썬 것	얇게 썬 것	각지게 썬 것
생재료 중량(g)						
튀긴 후 중량(g)						
튀김시간(분)						
흡유량(g)						
탈수율(%)						

과제

1 튀김조리에 있어 튀김 온도와 흡유량과 점도와의 관계를 질감의 표현으로 설명하여 보자.

2 바삭바삭한 질감의 튀김조리를 위해 사용할 수 있는 부재료에는 어떤 것들이 있는지 알아보자.

3 실제 조리에서 튀김의 질감을 위해 유지의 조합도 한다. 어떤 유지의 어떤 성질을 이용한 것인지 자세히 알아보도록 하자.

실험 41

식품의 종류에 따른 적당한 튀김 온도와 튀김 시간 및 흡유량 조사

목적 유지 조리는 유지의 조리성을 이용하는 것이나 사용하는 유지마다 각각의 특징이 있으므로 조리에 적합한 유지를 선택하여 사용하면 조리의 효과를 증가시킬 수 있다. 튀김의 온도는 튀기는 재료와 조리의 종류에 따라 적온이 달라진다.

도넛과 식빵의 튀김온도를 달리하여 흡유율의 차이를 비교하고 질감과 관련을 알아보자.

준비물 중력분, 소금, 베이킹파우더, 계핏가루, 육두구nutmeg, 달걀, 설탕, 분유, 버터, 식빵, 식용유

믹싱볼, 휘핑기, 체, 밀방망이, 튀김팬

실험 41-1 도넛 반죽의 튀김온도에 따른 흡유량 비교

튀김재료로서 도넛 반죽을 준비하여 튀김온도에 따른 흡유량을 비교한다.

도넛 만들기

재료 중력분 150g, 소금 1.5g, 베이킹파우더 5g, 분유 6g, 계핏가루 1/16ts, 육두구 1/8ts, 달걀 1개, 설탕 65g, 버터 23g

만드는 법

① 밀가루와 소금, 베이킹파우더, 계핏가루, 분유, 육두구를 체로 쳐서 고루 섞는다.

② 달걀, 설탕을 넣고 저어준 후 녹인 버터(60℃)를 넣고 충분히 섞는다.

③ 달걀 혼합물에 마른 재료 섞은 것을 가하여 가볍게 섞은 다음 냉장고에 15분 정도 둔다.

④ 밀가루를 뿌린 도마 위에서 반죽을 민 후 자른다.

1) 도넛은 다음의 재료를 잘 섞어 반죽을 한 다음 0.5cm 두께로 밀어 2×2cm의 크기로 자르고 3군으로 나누어 각 군의 무게를 잰다.
2) 3개의 튀김팬에 적당량의 기름을 붓고 표에 제시한 각 온도까지 미리 가열한 후 준비된 재료를 넣고 한꺼번에 튀긴다.

3) 밝은 갈색으로 되면 소요시간을 측정하고 튀겨 낸 도넛의 무게를 잰다.

4) 또한 튀김을 반으로 잘라 조직 내에 기름이 침투된 정도를 조사한다.

$$\text{흡유율(\%)} = \frac{\text{튀김 후의 무게} - \text{튀김 전의 무게}}{\text{튀김 전의 무게}} \times 100$$

실험 표 41-1 튀김 온도에 따른 도넛 반죽의 흡유량의 비교

튀김온도(℃)	튀김 전 무게(g)	튀김 후 무게(g)	흡유율(%)	튀김시간(분)	기름 침투 정도*
160~170					
175~185					
190~200					

*순위법

실험 41-2 식빵의 튀김온도에 따른 흡유량 비교

튀김재료로서 식빵을 준비하여 튀김온도에 따른 흡유량을 비교한다.

1) 식빵은 2×2×0.5cm의 크기로 잘라 3C 정도 준비한다. 이를 3군으로 나누어 각 군의 무게를 잰다.

2) 3개의 튀김팬에 적당량의 기름을 붓고 표에 제시된 각 온도까지 미리 가열한 후 준비된 재료를 넣고 한꺼번에 튀긴다.

3) 적당한 갈색이 되면 소요 시간을 측정하고 튀긴 후의 무게를 잰다.

4) 또한 튀긴 식빵을 반으로 갈라 기름의 침투 정도를 조사한다.

실험 표 41-2 튀김 온도에 따른 식빵의 흡유량 비교

튀김온도(℃)	튀김 전 무게(g)	튀김 후 무게(g)	흡유율(%)	튀김시간(분)	기름 침투 정도*
160~170					
175~185					
190~200					

*순위법

과제

1 맛있는 튀김방법에는 기름, 튀김옷의 재료, 취급법이 중요하게 작용하므로 기름 취급법에 대해 알아보라.

2 튀김옷의 재료인 밀가루, 달걀, 물, 밀가루 섞는 방법 및 튀기는 방법에 대해 여러 가지 예를 들어 설명하라.

실험 42

부재료 첨가에 따른 Cookies의 연화효과

목적 지방은 반죽 내에서 연화작용을 한다(shortening or tenderizing effect). 밀가루 반죽에 일정량의 지방을 첨가하게 되면 gluten의 그물끼리의 결속을 억제한다. 즉 밀가루 입자에 지방이 골고루 입혀지므로 서로 부착되지 않고 부드러우며, 밀었을 때 얇은 층이 생기고 구운 후 바삭바삭해진다.

과자류 중에서 지방을 전혀 첨가하지 않은 sponge cake와 지방을 충분히 넣은 shortness cookie 제조 시 지방분의 배합비와 제품의 texture 관계를 알아본다.

도넛과 식빵의 튀김온도를 달리하여 흡유율의 차이를 비교하고 질감과 관련을 알아보자.

준비물 밀가루(박력분) 300g, 베이킹파우더 9g, 버터 150g

dough blender, 밀방망이, 메스실린더, bowl, 커터(모양틀), 오븐(200℃로 미리 예열)

실험 42 연화재료 첨가량을 달리하여 구운 쿠키의 질감 비교

다음과 같이 각각의 부재료 함량을 달리하여 쿠키를 만들어 보자.

1) 밀가루(박력분) 300g에 베이킹파우더 9g(밀가루의 3%)을 넣고 골고루 섞어 체에 내린다.
2) 이를 정확히 3등분하여 큰 bowl a, b, c에 각각 나누어 담고 bowl a에는 30g(밀가루 중량의 30%), b에는 50g(50%), c에는 70g(70%)의 버터를 첨가한 후 dough blender로 밀가루와 버터를 고루 섞는다.
3) 200mL 메스실린더를 활용하여 bowl a, b, c에 각각 정량의 물을 부어 적당히 반죽을 한다. 이때 들어간 물의 양을 기입하고 a, b, c의 반죽 정도와 치대는 횟수를 같이하여 같은 조건에서 서로 비교한다.
4) 위 3종의 반죽을 각각 밀방망이로 0.3cm 두께로 밀고 커터로 찍어낸다.
5) 찍어낸 cookie를 pan에 놓고 200℃의 오븐에서 10~15분간 구워 낸다.

실험 표 42-1 부재료 첨가 변화에 따른 cookie의 연화효과

재료 및 평가 \ No.	a	b	c
밀가루의 중량(g)	100	100	100
B.P.의 분량(g)	3	3	3
버터 첨가량(g)	30	50	70
물의 첨가량(mL)			
구워진 색*			
맛**			
경도***			

*묘사법
**순위측정법
***순위법 : 부스러짐이 적으면 1, 부스러짐이 많으면 3

과제

1 밀가루의 연화를 가져올 수 있는 부재료의 영향을 자세하게 알아보자.

2 밀가루의 특성에 대해 알아보자.

3 cookie의 종류를 알아보고 이들이 각각 어떤 조건으로 질감을 다르게 가질 수 있는지 분류하여 보라.

실험 43

일시적 유화 상태를 갖는 드레싱의 제조

목적 샐러드 드레싱은 기름과 물이 서로 섞이지 않는 성질에 일시적 유화상태를 일으킬 수 있는 재료를 첨가함으로써 유용하게 쓰이는 음식조리이다. 이때 기름의 종류에 따라 일시적 유화상태를 지속시키는 특성이 다르고, 맛에도 영향을 미친다.

드레싱의 용도를 정확히 알고 만들어보면서 음식으로서의 특성상 사용할 수 있는 기름의 종류와 이들의 안전성 및 보관 사용법에 관해 알아보도록 하자.

도넛과 식빵의 튀김온도를 달리하여 흡유율의 차이를 비교하고 질감과 관련을 알아보자.

준비물 옥수수기름, 콩기름, 참기름, 소금, 식초, 레몬즙, 후추, 설탕, 달걀, 파슬리, 홍고추, 크림치즈, 생크림, 파프리카, 양파, 양겨자, 칠리소스, 블렌더, 포크, 강판

실험 43-1 기름과 산의 종류를 달리한 프렌치 드레싱의 특성 비교

기름과 산의 종류를 달리하여 프렌치 드레싱을 만들고 특성을 비교한다.

French dressing 만들기

재료 기름(옥수수기름, 콩기름, 참기름) 3Ts, 소금 1/4ts, 산(식초, 레몬즙) 1Ts, 후추 1/8ts

만드는 법

① 포크나 블렌더를 이용하거나 뚜껑이 잘 맞는 용기에 넣고 흔들어서 모든 재료가 고루 섞이도록 한다.

② 흔드는 횟수를 일정하게 한 후 가만히 방치했을 때 기름과 산의 분리점이 보일 때까지 시간을 측정해 보자.

실험 표 43-1 프렌치 드레싱에서 기름과 산의 종류에 따른 맛과 유화상태의 비교

기름의 종류	산의 종류	맛*	유화지속시간**(분)	외관 및 질감***
옥수수기름	식초			
	레몬즙			
콩기름	식초			
	레몬즙			
참기름	식초			
	레몬즙			

*채점척도법(7점법)
**분리될 때까지 소요된 시간을 적으시오.
***묘사법

실험 43-2 프렌치 드레싱을 응용한 변형 드레싱의 제조와 특성 비교

실험 43-1에서 만든 프렌치 드레싱 2Ts에 다음의 각 재료를 섞어 다양한 드레싱을 만들고 이들의 특성과 용도에 관해 조사해보자.

chiffonade salad dressing

완숙란(체에 거른 것) 1/4개, 파슬리 또는 풋고추(잘게 다진 것) 1/4ts, 홍고추 또는 비트 피클(잘게 다진 것) 1/4Ts

cream cheese salad dressing

크림치즈 20g

cream salad dressing

생크림 1½ts

savory salad dressing

설탕 3/4ts, 파프리카 1/8ts, 양파(강판에 간 것) 1/2Ts, 양겨자 1/8ts, 칠리소스 2ts

실험 표 43-2 변형 드레싱에서 양, 점도, 맛의 비교와 용도 조사

드레싱의 종류	양	외관 및 점도*	맛**	용도	유화상태 지속시간***(분)
chiffonade					
cream cheese					
cream					
savory					

*묘사법 : 얇게 퍼지거나 점성이 있거나 쫀득거리거나 폭신폭신해 보이거나 덩어리져 보이거나 부드러워 보이는 등

**채점법(9점법)

***분리될 때까지 소요된 시간을 적으시오.

과제

1 각 기름에 따른 드레싱의 맛을 본 후 적합한 기름과 산의 조건을 말하고 적합하지 못한 것의 이유를 알아보도록 하자.

2 위의 기본재료 이외에 넣고 있는 재료들을 알아보고, 이들이 특별히 드레싱에 어떤 효과를 주는지 여러 레시피를 모아 비교해 보도록 하자.

참고문헌

1. 강희자 : 식료품의 목측량 및 식품의 1인 분량에 대한 식품성분표, 한국교원대학교 대학원 석사학위논문, 1992
2. 김기숙 : 조리방법별 조리과학 실험, 교학연구사, 1996
3. 계수경 : 식품조리과학(실험실습서), 효일문화사, 1994
4. 서정숙, 정은자, 김옥경 : 실험조리실습, 효일문화사, 1996
5. 전희정 : 실험조리, 교문사, 1995
6. 손경희, 오혜숙, 이명희, 이영미 : 식품학 및 조리원리-실험실습서, 도서출판 효일, 1994
7. 안명수 : 식품과 조리원리-조리과학, 신광출판사, 1993
8. 안명수, 우경자 : 조리과학실험(실험조리), 수학사, 1993
9. 김경진 : 식품조리 및 이론, 보성출판사, 1992
10. 이혜수 : 조리과학, 교문사, 1989
11. 장수경, 김영순, 유맹연, 오성자 : 식품·조리과학, 문운당, 1992
12. 유영상 : 조리과학, 수학사, 1994
13. 스기다 고이치(안용근 옮김) : 조리요령의 과학, 전파과학사, 1993
14. 식품 및 음식의 눈 대중량, 한국식품공업협회 식품연구소, 1988
15. 문수재, 손경희 : 식품학 및 조리원리, 수학사, 1993(개정판)
16. 박일화 : 조리원리실험, 수학사, 1986
17. 한재숙 : 실험조리, 형설출판사, 1993
18. 조리원리 및 실험조리, 보건전문대학 교재편찬위원회, 1994
19. 김우정, 구경형 : 식품관능검사법, 도서출판 효일, 2001
20. 주나미, 박상현 : 조리과학 및 실험, 파워북, 2007
21. 우인애, 이병순, 김동희, 오세인, 송태희 : 한눈에 보이는 실험조리, 교문사, 2008(개정)
22. 조경련, 조신호, 김영순, 주난영, 정현숙: Flow Chart로 배우는 실험조리, 교문사, 2004
23. Younghee, Bai, Quality Characteristics of Orange Sauce according to Sugar Contents for Recipe Standardization, *Food Quality and Culture*, 2(1): 37-42, 2008

24. 이수정, 최병범, 송태희, 이석원, 한명륜 : 이해하기 쉬운 식품분석, 파워북, 2012

25. 대한과학, WWW.daihan-sci.com

26. 대고무역, www.daego-trad.co.kr

27. 인스트론, www.public.iastate.edu

28. 광학현미경, http:/blog.empas.com/hweonpyo/9806518

29. 우리말사전

30. 김태형 : 조리수학과 용어, 도서출판 효일, 2004

31. Manual on Descriptive Analysis Testing for Sensory Evaluation, ASTM, Hootman, R.C., 1992, Chapter I The Flavor Profile, Keane, P., Chapter 2 Quantitative Descriptive Analysis(QDA), Stone, H

32. Sensory Evaluation Techniques, CRC, Meilgarrd, M., 1987, Chapter 8 Descriptive Analysis Techniques.

33. 관능검사 방법 및 응용, 김광옥, 김상숙, 성내경, 이영춘. 신광출판사, 1993, Chapter 7. 묘사분석

34. 관능적 묘사분석과 기계적 검사와의 상관 관계, 1996년도 식품관능검사 Workshop, 한국식품과학회 식품관능검사 분과위원회

저자 소개

배 영 희

연세대학교 식품영양학과 학사, 석사, 박사 졸업
France Paris VI 대학 대사생리 및 영양학과 석사과정 수료
France E.N.S.I.A. 박사과정 수료
미국 F.I.U, School of Hospitality Management, Visiting Scholar
현재 오산대학교 호텔조리계열 식품영양전공 교수

김 현 정

삼육대학교 식품영양학과 졸업
North Western Univ. 약학과 졸업
서울여자대학교 식품영양학과 석사
성신여자대학교 식품영양학과 박사
현재 삼육대학교 등 강의

조리응용을 위한

실험조리워크북

2017년 9월 1일 초판 인쇄
2017년 9월 5일 초판 발행

지은이 | 배영희·김현정
발행인 | 유제구
발행처 | 파워북
주 소 | 경기도 고양시 일산동구 호수로 358-25
동문타워 2차 529호
전 화 | (02) 730-1412
팩 스 | (031) 908-1410
등 록 | 1997년 1월 31일 제2014-000067호

정 가 21,000원
ISBN 978-89-8160-349-6 (93590)

잘못된 책은 바꿔드립니다.